陈晓卿

陈晓卿　陈磊——主编

第四季

ONCE UPON
A BITE

谷物星球

青岛出版集团 | 青岛出版社

图书在版编目（CIP）数据

风味人间 / 陈晓卿, 陈磊著. — 青岛：
青岛出版社, 2024.6
　　ISBN 978-7-5736-2054-5

　　Ⅰ.①风… Ⅱ.①陈… ②陈… Ⅲ.①饮食 – 文化 –
中国 Ⅳ.①TS971.202

中国国家版本馆CIP数据核字(2024)第073657号

FENGWEI RENJIAN · GUWU XINGQIU

书　　名	风味人间·谷物星球	
主　　编	陈晓卿　陈　磊	
出版发行	青岛出版社	
社　　址	青岛市崂山区海尔路182号（266061）	
本社网址	http://www.qdpub.com	
邮购电话	0532-68068091	
策划编辑	周鸿媛	
责任编辑	刘　倩　肖　雷	
装帧设计	毛　木　曹雨晨　叶德永	
印　　刷	青岛海蓝印刷有限责任公司	
出版日期	2024年6月第1版　2024年6月第1次印刷	
开　　本	16开（890mm×1240mm）	
印　　张	18	
字　　数	180千	
图　　数	361	
书　　号	ISBN 978-7-5736-2054-5	
定　　价	68.00元	

编校质量、盗版监督服务电话：4006532017　0532-68068050

目 录

CONTENTS

02 稻香阡陌里 46

03　黍粟本嘉禾　90

04　种豆南山下　132

05　薯芋新天地　180

＊本书在成书过程中，对纪录片《风味人间 4·谷物星球》的字幕进行了文字加工。

谷物万岁

陈晓卿

现在回想起 5 年前那次谈话，感觉有点儿恍如隔世。

2019 年新年，《风味人间》第一季刚刚播完，导演陈磊和邓洁即将离京返回上海。我到他们的住处送别，谈起工作室的一个新项目想让他们担纲，希望两人在回上海后，考虑一下答复我。结果，夫妇俩没讲任何条件，当场就答应了，这就是现在播出的《谷物星球》。

不过，这个节目最初的设计，和现在有些不一样。应该说，还是有点儿"野心"的——我们打算的是，由国际团队共同制作，全球拍摄，制作周期是两年。在按部就班的谈判和策划、调研过程中，一场完全无法预料的全球疫情突如其来地降临了。当时，我们已经完成了分集大纲的写作，同时主创团队也初步组建完成，并且开始纸上调研工作，其间陈磊和邓洁读了很多书，有植物学的、自然历史的、人类学的、经济学的，甚至还有探讨粮食安全的……放弃显然心有不甘。最终，节目改由稻来团队独立完成，有困难，那就克服呗。

为什么会选择"谷物"？这是经常被问到的问题。有厨师朋友说，做美食应该站在"时代的前面"，中国人早就解决了温饱问题，现在的美食更讲究的是精致料理，也就是 fine dining，这样才能帮助中国餐饮赶超"世界水平"。从这个角度说，大馒头、大米饭确实是太低端了，是吧？也有专家劝我们，当代饮食中，谷物的占比越来越少，常吃谷物甚至可能给身体带来不必要的负担，这是现代营养常识。我们做的是美食纪录片，谷物不够健康，不够美味，为什么还要做？

我出生在 20 世纪 60 年代，母乳不足加上乳糖不耐受，让我只能喝粥。用我妈的话说，我是"粥喂大的"。也许正因为如此，让我这个年龄段的人，大都对谷物有一种与生俱来的安全感依赖。但陈磊和邓洁都是"改开"之后生人，从小在上海长大，农田都没有见过几次。他们对谷物的理解，更多是从文化的角度，显然比我理性得多。

人类驯化和种植谷物，距今已有万年之久。"万岁"的谷物，让我们有了固定的居所，开始有组织地生产并且催生了农业文明。为什么相比肉蛋奶为主的民族，谷物民族更依赖抱团生存，更愿意服从指挥，更具有忍让精神？"古人云，一粒米里看世界，半边锅中煮乾坤。"节目总顾问陈立教授认为，"谷物，是乡土中国的一个温暖背影，对它，我们应该心存感激。"他的话，一直激励着我们。大家最终也把影片主题，放在"透过谷物看到人类多样化生活"上。

然而，我们还是太乐观了。疫情的发展，完全超出了我们的想象。这三年里，做纪录片的人，和其他很多行业的从业人士一样，惊惧和无力，仿佛坠入一场梦魇中，无法醒来。有一阵，我甚至不敢点开创作群里的微信提示，因为经常会出现"因为疫情某地的民间节庆取消"，"摄制组被困在某地需要隔离一周"，"境外拍摄，临登机前被迫放弃"……太难了。我们只好不断地换拍摄地，换故事选题，不断压缩境外部分内容……

多亏了陈磊、邓洁两个人的坚持。陈磊是一个外表非常谦逊随和，话语不多但内心非常坚持的人。在我合作过的导演里，他的影像叙事能力非常突出，节目有很强的作品感。一直以为，纪录片，影像是核心。这就像做菜，如果客人不觉得菜美味，师傅在边上解释越多，效果越差。

这次陈磊的总体影像设计，核心关键词是"敬畏"——带着虔敬的态度，重新审视那些我们熟视无睹的食物，感受它们曾经给我们带来的温暖；仰视那些卑微平凡的劳动者，在他们身上寻找人类共有的平和、坚韧与温情。这也是我最满意的地方。不过，在工作过程中，陈磊凡事追求极致的"轴"的一面。从艺术上说这无可挑剔，但在制作流程上，也意味着成本的增加。我们现在是个自负盈亏的小作坊，要知道自己"吃几碗干饭"。许多额外的设计，都要反复掂量"观众是否买单"，也就是它能否更容易被节目最忠诚的观众感知到。这是纪录片从设计创意到最后制作完成，最折磨人的。

我刚开始拍片的年代，中国纪录片刚刚从说教型的"形象化政论"，转为纪实风格的"作者纪录片（creative documentary）"。新千年后，商业化纪录片和工业化影像流程刚刚出现不久，又遭遇到互联网时代的互动短视频风潮的冲击。

当下的传播环境，让我们变得不再自信、如履薄冰。每一段故事、每一段旁白、每一段音乐都要反复掂量多次。有些自己心里想说的，都会提前想到观众的反应。毕竟，节目的"到达率"直接影响后续项目的立项和投资，所以只能是诚惶诚恐。

很多时候，陈磊觉得没问题的地方，我还要多次"为难"他——一些偏抒情的部分，一些偏沉闷的生活段落，都要求他进行压缩。如果说"风味4"要我自己进行总结的话，我认为它是一个更克制的节目。我不知道，这是进步还是无奈。

《谷物星球》大量的植物拍摄、微观拍摄、CG（计算机图形）动画谷物肖像……都是费钱的活计，但没有人能说服陈磊。正是他的"古典"的坚持、那些耗时费力的设计，让节目质量保持在制作"金线"以上。偶尔也有观众反馈，虽然不多，却让我们产生了"茫茫人海终有知音"的成就感。相信这对于陈磊来说，是最好的专业主义褒奖。

陈磊的故事逻辑，是通过光影而不是语言来展现，这个习惯也体现在他和团队交流的过程里。现在我的电脑里，还存着3年来陈磊给分集导演们编辑的各种"影像模本参考"，这是他的工作方式。当然，很多时候，这种沟通还需要语言"翻译"，而担纲"翻译官"的就是邓洁。

邓洁毕业于上戏，我总揶揄她是"戏精学院"高材生，因为她性格外向，多才多艺，但头脑冷静。每次遇到突发事件，她都能迅速找到应对的方式。换调研地点、换拍摄人物，甚至换拍摄的内容，一切处理得井井有条，很让人省心。她最让人敬佩的地方，是喜怒不形于色，不管遇到什么样的事，坐到工作台前，都能像刚充满电一样情绪饱满，这也是纪录片制作人必备的素质。

由于跨境拍摄无法现场执行，邓洁的沟通能力成了我们与国外执行团队协力工作的保障。无论是联络美国、英国、日本的团队，还是联络墨西哥、以色列的团队，邓洁面对全球时区无差别工作时刻表，都从不懈怠，zoom（一个网络会议软件，和腾讯会议相似）和"腾讯会议"总能把"现场监视器"递到陈磊面前。

在他们被隔离的那些日子，打电话过去，他们果然已经十几天没下楼，我有些担心他俩的生活以及工作进展，邓洁非常乐观："我们没问题，不过就是把国际合拍的普遍真理与中国具体实际结合了一下……"在整个团队里，邓洁更像一个大家长，能把不同背景的导演团结得像一家人。她不仅要保证制作进度，还要协助陈磊，有多余的精力，还会帮年轻导演分析结构、设计场景镜头……我相信这些"家庭成员"，应该能够感受到，经过这次磨炼，自己创作能力有所提高——"长棋"了。也应该像我一样，对这次合作终生难忘。

后期写旁白，在东北绿豆芽那个故事里，邓洁写道："寒冷，让万物放慢了脚步，但生活不会……"我看到这段文字的时候，心"咯噔"了一下——这应该是她作为制片人的心声——尽管疫情不断摧毁我们的工作日程，但播出日期不会再等。

认识他俩 10 多年，发现他们真是一对儿把作品看得比其他都重的人。他们喜欢自己的职业，迷恋自己的手艺，就像节目中那位制作红曲米的乡厨。恰好，我也差不多是这样的人，与志同道合的人一起工作，是我的幸运。

古人说，一粥一饭，当思来处不易。许多看来稀松平常的画面，实际上有大家的许多不懈的坚持。想想这 3 年多，夫妇二人做这么一件事，心无旁骛，这种淡定让人心生敬意。我们当然可以把这 300 多分钟的影片，当做"电子榨菜"或"电子炸鸡"来观看消费。但对于团队每个创作者来说，他们真的像农夫一样，当午锄禾，汗滴禾下，粒粒皆辛苦。

今天最后一集播出，最后还要说声感谢。感谢观众的厚爱，感谢东家——腾讯视频的信任，也感谢团队所有的同仁。在长达 1000 多天的特殊时间段里，我还记得老艺术家李立宏老师像偷地雷一样在冬夜里潜入录音棚，作曲阿鲲激情澎湃地给每一集都量身定制音乐，沈宏非老师每周都有一天彻夜帮我们改稿。

当然还有年轻艺术家黄海老师，长达 9 个月的时间，和宣介主管非总（何是非）反复 battle（争论），不断对海报进行修改。我特别喜欢这两张海报，一张是我们最初的创意，"一粒米里看世界"；另一张是以小麦为主题的"九星汇聚"。两张海报一个是稻，一个是麦（古异体字"来"），暗含了我们工作室"稻来"的名字，我觉得这是他送给团队最好的礼物。

你带来欢笑，我有幸得到。谢谢了。

2023 年 1 月于北京　陈晓卿

01

麦浪
涌万年

我们生活的星球，是一个谷物的星球。

地表植物的籽实，被人类挑选、播种，

种子便成了谷物。

它们带来温饱，让人有了稳定的栖息地，

开启出多样的烹饪方法，

成为文明的基本"粒子"。

让我们回到谷物的起点，从麦说起。

壹 | 翡麦　谷物烹饪的天马行空

巴勒斯坦 · 纳布卢斯 · 布尔卡 📍

　　4月底，约旦河西岸的小麦，颗粒刚刚饱满。不等麦子彻底变黄、成熟，那比拉就要提前进行一次收割，这也是当地村民的习惯。小麦是他们最常食用的谷物。地中海东岸，这片辽阔而肥沃的土地，是人类最早驯化小麦的地方。

　　今天，人类领地泾渭分明，野草却漫山遍野，兀自生长。其中的一种野草，正是今天的小麦的远祖，它还保持着被驯化前的特性。

　　野生二粒小麦，种子依然随风掉落。人类经过长时间的培育，使它演化成现在的模样——麦粒紧紧固着在叶轴上，等待人类的双手将它收割。因为尚未成熟，青麦难以脱粒，所以需要用火进行特殊处理。青麦粒的汁水充足，不会被烧焦，反而会附着上烟火的色泽和味道。

翡麦配鸡肉

在东地中海地区，大多数国家都有火燎青麦的传统。 这片动荡的土地，在过去的半个世纪硝烟不断。不过每年初夏，空气中飘散的谷物灼烧的香气，也许能让人们想起，这是彼此共同热爱的风味。

谷壳焦脆，用手揉搓就能脱粒。摩擦的动作，阿拉伯语叫作 freekeh（音为"麸粒可"），这种食物因此得名。根据颜色和发音，中文将其翻译为"翡麦"。

香料的加入，让翡麦原本的烟熏气息变得柔和。放入肉汤里慢炖，是阿拉伯地区常见的吃法。用坚果、鸡肉点缀，麦粒重新变得汁水充盈，保持外表弹韧的同时，还获得了轻微爆浆的口感。

更华丽的方式，是用一整只鸡，将已经煮过的翡麦和羊肉粒紧紧包裹。世间美食万千，唯有油脂和碳水，是颠扑不破的真理。经过长时间烘烤，每一粒翡麦都裹上羊肉和鸡肉的油脂，浸染出油润的质地和绵软的口感。

世间美食万千，唯有油脂和碳水，
是颠扑不破的真理。

贰 | 虾子捞面　人工与机器的较量

中国 · 澳门 📍

　　小麦是全球种植最广的农作物。没有哪种谷物能像小麦这样，为数十亿人提供如此多样的美味。

　　37 岁的阿龙从父亲手里接过家族营生——做捞面。阿龙说："我们家的店是爷爷留下来的。我是第三代（经营者），一开始我并不喜欢这门生意。"

　　小麦磨成面粉，成了可塑性极强的原料。加入鸡蛋和鸭蛋和面，大量蛋白质为面团的筋道加码，同时增添了风味。1 小勺碱水可以强健面团的"骨架"结构，使其不会在南方湿热的天气中有丝毫"懈怠"。

　　阿龙说："做竹升面是一个嘥（花费）精神、嘥时间的工作。"

　　阿龙压上全身的重量与竹竿协同作战，感受面团正在发生的变化，下压，移动，再下压，重复 3000 次以上。在机器取代人工的今天，这是澳门硕果仅存的人工制面方式。

　　在寸土寸金的澳门，有限的店面空间没被用来增加餐位，而是留给手工制面。这是阿龙的选择。每天做面团要耗时 7 个小时，只为做出的面条能达到理想的状态。阿龙做好的面条干爽，细直。梳理时将面条置于手指间，轻弹也不会轻易被扯断。

　　偶尔路过的父亲，总是选择坐在较远的位置。

　　用猪骨和鲮鱼熬制的汤底将面条煮熟，过冷水（店主人称其为"冷河"）后面条的温度急剧下降，此时再将其放回到沸腾的汤中，这是历经三代不变的做法。加入 1 勺高汤和少许酱汁，再淋上猪油。捞面的至高境界，是干爽又不失弹性的"牙感"，因此要甩掉多余的水分，均匀裹上酱料。一碗澳门街头的虾子捞面，没有一丝拖泥带水，只在"爽利"二字上下功夫。

　　在竹子上上下下的敲打中，面做好了。惜字如金的阿龙回眸一笑，说："我做竹升面（即虾子捞面）不可以分心的。"

　　面端上来，阿龙吆喝一声："老爸，面来了！"·

虾子捞面

叁│花园小鱼　保留传统与容纳世界

中国 · 澳门 📍

因为地理位置特殊和具有特殊的过往，所以澳门的美食既保留着本地传统，也能容纳世界。这里有一家葡萄牙人的小餐馆，讲述着另一个与面粉有关的故事。

山度士曾是海员，40 多年前来到澳门。一同带来的还有家乡的食物。

有一道菜曾经是葡萄牙人斋戒日里的素食。菜豆拍上干面粉，裹上鸡蛋面糊，炸至金黄。根据形状，人们赋予它一个清新的名字——"花园小鱼"。

花园小鱼

肆 | 天妇罗　90 秒的轻薄体验

日本 📍

　　这条来自葡萄牙的"小鱼"，400多年前也影响了日本，给这个稻米国度带去小麦的灵感。经过不断演变，这条"小鱼"变成的天妇罗成为今天日本的代表性美食之一。给食材穿上面衣油炸，是天妇罗统一的做法。

　　但是不同的食材，面糊、油温以及炸制的时间不同，做出的成品也不同，可以说毫厘之间气象万千。面粉充分过筛和加入低温蛋液是面衣轻盈的关键。挂薄糊下锅，甩走多余的面衣。炸制时间不要超过90秒，这样炸出的外壳轻薄、半熟状态的天妇罗，口感才恰到好处。

　　调出浓面糊，星鳗登场。星鳗腹部脂肪丰腴，挂厚面糊锁水，背部拂过盆边，鱼皮才能炸出焦香。一条鳗鱼的两面，被雕塑出不同的口感。星鳗天妇罗，总是压轴出场。

大虾天妇罗

星鳗天妇罗

紫苏海胆天

舞茸天

藕片天妇罗

玉米笋天妇罗

甜椒天妇罗

南瓜天妇罗

芦笋天妇罗

伍|油面筋　掌握千年的味道秘密

中国·浙江·杭州·富阳区

在浙江富阳，把淀粉水倒掉，
留下的麦谷蛋白等组成的富有弹性的物质，
俗称"面筋"。

自从谷物被研磨成粉，烹饪的可能性便开始几何级增长。甚至在不同地区，人们各出奇招，将面粉精细拆分，重塑再造。面团是一种复杂的混合物，经反复揉搓后，填充在网状骨架结构中的淀粉颗粒，被转移到水中。

在浙江富阳，把淀粉水倒掉，留下的麦谷蛋白等组成富有弹性的物质，俗称"面筋"。在这里，它被制作成一种家常食物。用肉末、榨菜、野笋干、胡萝卜做馅料，小米椒和韭菜增添风味。揪下小小的一块面筋，包入一大团馅料。面筋优越的弹性，让主妇们完全不用担心这颗小球会出现破损。

早在1000多年前，中国人就已经掌握了面筋的秘密，发明出大量相关菜肴。通过煮、炸、烟熏，将其做出荤菜的口感。

牙齿稍稍用力，就能感受到面筋的弹性，再一头扎进馅料的鲜香中，让人回味无穷。

油面筋

陆|绿茵兔仔饺　彰显玲珑剔透的另一面

中国 · 广东 · 广州 📍

富阳人弃之不用的白色淀粉水，到了广州人手里，则变成另一种美食。

去掉所有的蛋白质，只留下经过沉淀和干燥的小麦淀粉，这种完全无筋的粉末，被广州人称为"澄面"。深谙澄面特性的粤菜厨师自有必杀技。隔水加热，再用沸水快速和面，随着直链淀粉的有序糊化，神奇的一幕发生了——澄面团获得黏性，呈现粉嫩洁白的质地。中式菜刀是降伏澄面的终极武器，抹上猪油，制作出完美的弧线。一张合格的澄面皮，只能有 0.2 毫米的厚度。经旺火蒸制后，面皮爽滑细腻，呈现半透明的质感。

朦胧的美感，让澄面制作的粤式点心，

大都被冠以"水晶"的前缀。

粗犷的小麦在这里尽显玲珑剔透的另一面。

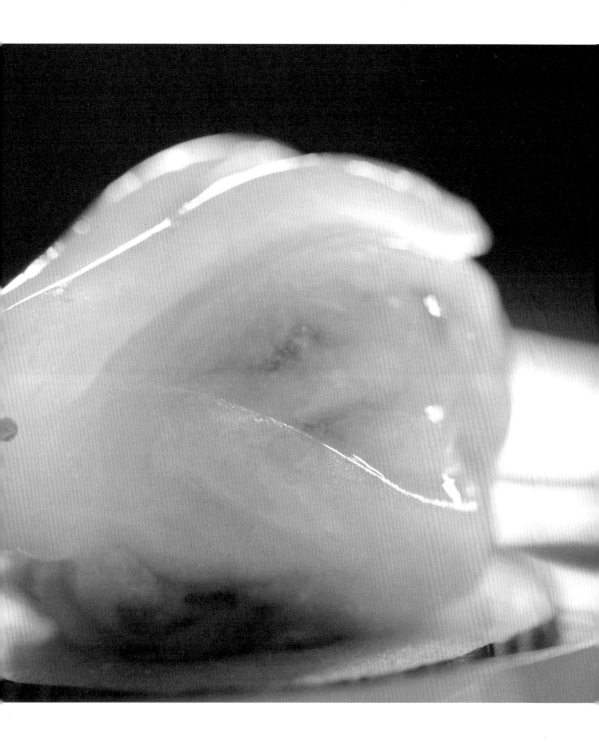

山西 朔州 掌柜窑村

柒|莜面窝窝　三十里莜面，四十里糕

中国·山西·朔州·掌柜窑村 📍

禾本科谷物里，麦的家族成员众多。

8月，麦穗上的"铃铛"已经打开。这是莜麦，一种中国特有的裸燕麦。

有人在山上唱起了山歌："你看我金杏花，离开了寺怀村。从小离了父母亲，来了个掌柜窑，我来了那掌柜窑。我还苦不轻，去到那地里，路还不好走。"

这唱山歌的人，正是今天的主人公——金杏花。

山西和内蒙古的交界，巍峨的长城蜿蜒曲折，杏花家的莜麦地就在长城脚下。

这里土地碱卤多，难耕种，无厚藏之家。历史上这里一直人口稀少。很多人选择穿过长城讨生活。莜麦是为数不多能适应这种自然条件的谷物。从播种到成熟，只需 3 个月的时间。

"手拿着那个镰刀呀，割呀么割莜麦。莜麦熟得白灵灵，割得我还挺有劲。"伴随着杏花的歌声，莜麦在镰刀有节奏的收割下，应声而落。

金杏花说："我从小就喜欢唱歌，姊妹四个里就是（属）我喜欢唱。"她指了指身旁的老伴："他不爱说话，弟兄五个属他粹（山西方言，憨厚的意思）了，属他善良，就会割莜麦。"杏花家的坡地，机械设备难以到达，只能依靠她和丈夫，两个人，四只手。

莜麦，也许是最难处理的谷物，要进行三次高温处理，才能驯服它刚烈的脾性。

"一熟"，就是炒麦子，可以防止其油脂腐败。莜麦的籽粒上茸毛飞散，人一旦接触就刺痒难耐。杏花必须做好防护。"二熟"就是烫面。莜麦面粉很难形成面团，用滚水和面，淀粉烫熟后才能增加面团的延展力。

金杏花和丈夫

"洗出来了吗？""洗干净了没？"金杏花一遍遍地催着老伴。对于揉面，细心和耐心是同等重要的。

老伴打了包票："弄好了。"

醒面后揉压，莜麦面团才稍显服帖。擀成一张面皮，只放土豆、胡萝卜、莜麦菜，简单调味，再小心卷起。"三熟"才能使材料最终定型。制作莜面墩墩，面与菜可以一同蒸熟。

热力作用下，材料出现类似烘焙坚果的清澈香气。

作为村里最会做莜面的主妇，杏花不需要借助任何工具，仅靠一双手就能做出多样的造型。

今天，外孙女一家从县城回来过周末。杏花的儿女都不在身边，大女儿和儿

子更是远在内蒙古工作。杏花不擅长打字，每当做好了一桌饭菜，她都会拍视频发给孩子们。"三十里莜面，四十里糕"，作为最能提供饱腹感的谷物，莜麦一直伴着一代又一代山西人远行的脚步。

"莜面墩墩煮窝窝，杏花是做好了。"唱歌依旧是金杏花的保留节目，就算煮饭时也不能停。饭煮好了。"香香，好看不好看？"杏花问外孙女。

也许，我们一生接触最频繁的食物就是谷物。它在提供能量的同时，也在那些俯拾皆是平淡的日子里，装点幸福和甜蜜。

莜面墩墩

莜面窝窝

捌 | 藕丝糖　甘之如饴

中国 · 江西 · 抚州 📍

凌晨 4 点，危伯和老伴生火起灶，蒸上一大甑糯米。糯米只是配角，真正的主角是另一种处于萌发状态的谷物。

7 天前，大麦种子在湿润的环境里等待新生。看到麦芽蓬勃茁壮的状态，危伯认为可以进入下一关了。

66 岁的危裕民，人称危伯，是乡里权威的制糖师傅。他 20 岁就跟父亲学做糖，当地有句谚语"做糖酿酒，充不得老手"，说明做糖是仰赖经验的行当。

危裕民和老伴

　　将捣碎的麦芽和糯米混合。大麦芽体内有一种神奇的催化剂——淀粉酶。经过一个白天，糯米不再发黏，标志着淀粉已被大麦芽中的酶分解。不同谷物，在大麦芽的协助下，可以制成风味各异的糖。在蔗糖出现之前，谷物几乎是最稳定的甜味来源。我们的祖先最早发现了它，将其称为"饴"。水分蒸发，浓度不断升高。麦芽糖，逐渐显露真容。

　　冬天，是危伯展示自己独门手艺的时候。传统的年节食物，总是伴随着谷物丰收所带来的满足感。危伯扯糖，老伴配料。芝麻和剁碎的糖霜金橘是最受欢迎的配料。交叠抻扯，麦芽糖的水分不断蒸发，转变成固化的"玻璃态"。万千缕糖丝，绵绵不绝，每根不到 0.05 毫米。

　　危伯的糖扯好了，孩子们纷纷围了上来。"拿，拿，拿……"危伯叮嘱孩子们尽情去吃，还不忘问一句："好吃吗？"孩子们拿起一块藕丝糖，放在嘴里轻轻一抿，如雪崩般溃散的糖丝，瞬间化为无形。

藕

玖│广式叉烧　点睛之笔

中国 · 澳门 📍

做广式叉烧，麦芽糖是点睛的妙笔。烤制后的猪肩胛肉，筋膜穿插其间，有着柔韧堪嚼的美妙肌理。麦芽糖比蜂蜜的附着力更强，不仅甜度柔和，还能增添诱人的光泽。

粤语中蜜和麦发音相近。蜜汁叉烧，其实就是麦汁叉烧。

蜜汁叉烧

拾 | 百花鸡　中餐厨师的发明

中国 · 澳门 📍

　　粤菜烹饪里,可以见识到麦芽糖更极致的运用。整鸡,原只取皮,保留皮下脂肪。中国各菜系,都有把禽肉类的表皮处理得油亮红艳的追求。用麦芽糖、黄酒和醋调制的脆皮水,就是中餐厨师的发明。

百花鸡

　　用加热的脆皮水反复浇淋鸡皮,黄酒去腥调味,醋使鸡皮紧绷。麦芽糖"攀附"其上,它的魔法会在之后闪现灵光。虾肉和猪膘剁泥做的馅,广东人称为百花馅,覆于鸡皮之上。薄油润锅,百花馅贴底旋转两周,即刻悬空,用热油冲淋。鸡皮上附着的糖分,开始发生褐变,逐渐变成枣红的色泽。

拾壹｜玛森糕　世事经年，磨盘不停

中国·西藏·日喀则·江孜县 📍

　　大麦体内蓄积着甜蜜的能量，脚步遍及这个星球上最严酷的环境。海拔7000米的卡若拉冰川顶部，几乎是这里的每一条河流的源头。河谷两岸开阔平坦，是天然的沃土。低温、缺氧、强日照，使大部分谷物从这片严苛的土地上退场，只有一个例外。一部分藏族先民与这种强悍的谷物相伴，他们在此耕种、定居，并发展出村庄和城市。

西藏日喀则江孜县

措姆和米珍

玛森糕

入夏，儿媳措姆跟随婆婆米珍一起打理田地。

婆媳俩正在打理的，就是这个"例外"——青稞。它是一种特殊的大麦，只在青藏高原生长。它是高原民族最主要的粮食，也是刻入他们生命的谷物。炒熟的青稞保留麸皮，直接研磨成粉，藏语音为糌粑。世事经年，磨盘不停，日子便有麦香萦绕。

新磨的糌粑配得上米珍的手艺。打酥油剩下的乳清水，含有大量蛋白质和乳糖，正适合和面。

"刚才有点儿粗了，现在这个刚刚好。"米珍的好手艺也得益于她对和面的手法一直有很高的要求。酥油细腻，红糖香甜，再用奶渣装点。用它们做出的玛森糕混合着浓郁的乳香和青稞麦香，能量充足，口感扎实，又易于消化，是高原家庭夏季的必备的美食。

　　"先别移动脚，穿梭完成以后，才可以踩。"米珍提醒道。在固定的区域聚居，以种植谷物为主要的食物来源，是典型的农耕生活方式。因此，谷物总是带给人安定、平和、丰足和温暖的暗示。

　　头道青稞酒在隆重的节日要和家人分享，甘甜柔和，清冽微酸，最容易亲近。"吉祥如意。"大家欢聚在一起，共同举杯，正是一杯朝暮，一杯祝福。屋顶上，已经更换了新年的装饰。人们总是用最好的食物敬奉天地。谷物不仅是饮食的基础，也以它宽厚的力量凝聚人们，彼此协作、世代相守。

青稞酒

【风险提示】请勿过量饮酒。

英国 · 苏格兰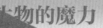

北大西洋初秋的海风带来寒意，
但湿冷的空气并不影响麦穗的成熟。
作为人类最古老的谷类作物之一，
大麦是坚韧、强悍的生存者。

艾雷岛，这座苏格兰西南部的偏远小岛，缺少渔业，但散布麦田。成熟的大麦口感粗粝，不适合直接食用。这里的居民将它制作成一种风味独特的酒——威士忌。

艾雷，与这座岛同名。岛上3500多位居民，接近80%和艾雷一样，参与酒的制作。

把大麦平铺在地板上5到10天，潮湿的环境使麦芽能长到籽粒的四分之三的长度。此时糖分和淀粉的比例恰到好处。这是一切的开始。因为树木稀少，岛民的部分生活燃料，仍然依靠一种特殊的物产——泥煤。上百万年生命盛衰，陆地与海洋的精华沉积在松软的沼泽地里。泥煤燃烧时，无法完全分解的有机物释放出酚类化合物。艾雷岛人发现用泥煤烘干大麦可以使其产生独特的烟熏香气。

用这样的大麦酿酒，酿出的独树一帜的泥煤风味，与这座岛屿深度绑定。

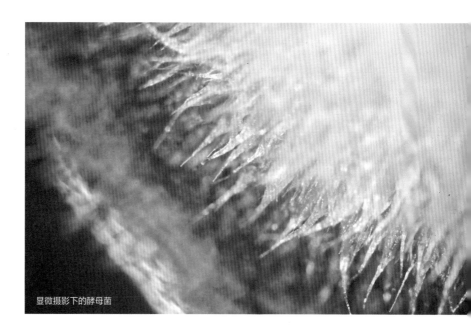

显微摄影下的酵母菌

最初，野果和动物奶自然发酵，让人类意外尝到了一种令人陶醉的滋味。直到有了农业，富余下来的粮食与发酵技术结合，才出现了酿酒业。酿酒技术几乎出现在全球所有的文明中，如今在某些高原，还能看到它起初的样子。保持温度，假以时日，微生物将显示它的魔力。

糖化和发酵相继发生。麦粒中的淀粉分解，产生了一种叫乙醇的物质。不同民族的祖先都发现了这个秘密，学会用谷物制造这种让人兴奋、释放、热血沸腾的液体。

在潮湿寒冷的海岛上，谷物难以长期贮存，但是，用它来酿酒，大麦的灵魂便得以在酒液和香气里延续，乃至永生。

澄澈的液体中，浓缩着一个风味的世界，焦糖、烟熏、橡木、肉桂、干果⋯⋯每个人都有自己的评判标准。然而共同的答案只有一个，那就是谷物的香醇。

　　"酿成了！"艾雷终于等到了他想品尝的味道。一周左右，青稞已经渗出大量浆液。米珍不需要过滤它，浑浊的状态能保留更多原始的味道。

　　"新年快乐！"在威士忌酒杯的碰撞中，人们也相互倾诉着新年的喜悦。

拾叁│羊排饺子　牵起遥遥相望的历史

中国·内蒙古·赤峰·阿鲁科尔沁旗 📍

谁都无法抗拒谷物带来的香甜。草原部落逐水草而居，日常饮食以肉和奶为主，但谷物也不会缺席。

"不会下大雨吧？"娜仁其木格问丈夫。

"如果下大雨，上山时轮胎会打滑。"丈夫道。

"还得找个皮卡车上山。"娜仁其木格还是不放心。

"只要不下暴雨，地不滑就行。"丈夫说。

"还得抓三四只羊。"

日子就是在夫妻二人日常的絮语中有了温度。

娜仁其木格

祭敖包的日子即将到来，眼下连续晴雨不定的天气，让人有些忧心。

浑都楞草原，隐匿在阿鲁科尔沁旗的最深处。每年 6 到 9 月，水草丰盛，是牛羊长膘的季节。草原地广人稀，牧民难得聚在一起。祭敖包，参加那达慕节，亲戚朋友上百人会到来。娜仁家要准备充足的食物。

起风了，仪式照常进行。敖包寄托着牧民对山川大地的敬畏，也是草原的界标。

下了一场大雨，宾客们没能赶来。准备的食物不能浪费，娜仁决定制作一种美味犒劳全家。

连着肋骨的肉，肥瘦相宜，是整只羊最鲜美的部分。草原上的谷物，起初来自与农耕民族的交换。小麦面粉与羊肋排，是娜仁眼中的最佳组合。

面皮包裹各种食材制成的馅，这种制作食物的方式 2000 多年前就存在。今天，我们称制成的食物为饺子。大约在宋代时，蒸煮饺子的方法传入草原，并跟随蒙古帝国的扩张，走向更远的地方。

羊排饺子，体型敦厚，馅料扎实。蒸是最适合的烹饪方式。

蒙古族羊排饺子

经过 45 分钟的等待，面皮之下的羊肉汁水充盈。"羊排饺子，好吃！"草原开始放晴，一家人席地而坐。

一张面皮，包裹世间万物，将迥异的味道，收藏进相似的皮囊，也牵连起遥遥相望的历史。

拾肆|土耳其饺子 别出心裁的小巧

土耳其 📍

　　土耳其人制作饺子，先将一张硕大的面皮分割成 2 厘米见方的小块。土耳其饺子用的馅料是牛肉糜、洋葱碎，还要加入红椒粉和黑胡椒调味。制作土耳其饺子需要细致和耐心。面皮做成十字封口。在东西方交汇点上的土耳其，小巧的饺子别出心裁。

土耳其饺子

拾伍 | 方形饺   偏爱风味的浓郁

意大利 ●

意大利人擅长在饺子的形状上下功夫。里科塔奶酪和菠菜打成粗泥。菜汁清甜，奶酪柔和微酸。用滚刀分割面皮做出的枕头形状的饺子是北部小麦产区的传统主食。用鼠尾草和帕玛森干酪衬托，意式饺子偏爱浓郁的风味。

一张面皮，可以包裹千万种馅儿，纵贯东西。饺子几乎是欧亚大陆共通的饮食语言。

意大利方形饺

谷物，塑造人类的肠胃，
也影响人的思想和行为方式。
人生如海，麦浪翻滚。
麦的故事，
就是我们的故事。

22

稲香
阡陌里

一颗神奇的种子。

萌发于东方，滋养了大半个星球。

稻作民族，以群体之力耕耘，也获得了丰厚的回报。

它朴素平和，衬托万千滋味。

也绚丽百变，塑造多彩的形态。

千万年，朝夕相守。

让我们重新认识——稻，和它的家族。

壹|乌米饭　鲜香在米粒间穿梭

中国 · 江苏 · 溧水 · 陈郭村 ◉

江南，最后一波春茶采摘。

郑良美把采好的茶倒入竹筐，向茶场的工作人员喊道："来，过称了。"

"4斤。"

这是郑良美劳动一天的收获。

"记好啊。"郑良美嘱咐。

麦子即将收割。很快，水稻也进入插秧的时节。回家前，郑良美要寻觅一种当季的嫩叶。"就是这个！"郑良美发现了她要找的东西。

南烛叶，常被当作草药。郑良美却要用它做一种特殊食物。"香的。"郑良美忍不住嗅了嗅属于南烛叶独有的香气。

食物的另一个原料是稻米。稻谷脱壳，留下雪白的米粒。

大米，也许是这个星球上最有效率的谷物。以它为主食的地方，往往也是人口密度较高的地区。

郑良美招待亲朋。大家为一个稻米的节日团聚。

"打电话催他们来吃饭！"郑良美对守在厨房窗口的亲友说。不一会儿，郑良美就做了一桌子的菜。"你们自己随意吃啊。没什么菜，马马虎虎。"大家把对郑良美手艺的赞美都留在了对食物的大快朵颐中。

南烛叶渗出汁水，散发着青草和薄荷的香气。其中丰富的花青素，即将让稻米变换新装。

天然的植物色素穿过细胞壁，如夜色笼罩村庄。凌晨4点，丈夫和平赶往村口的祠堂。古老的木质顶冠必须在天亮前装点一新。

乌米饭

显微摄影 光学放大 2.5 倍的乌米饭

糯性稻米被认为是更珍贵的谷物，满身乌黛的糯米再次下锅。

大米在高温下变得松软，色素与淀粉深度交融。吸收了大部分色素，米粒呈现深沉黝黑的色泽。这就是乌米饭。

每到农历四月，乌米饭总是在江南应时出现。在南京，乌饭包油条，主食一加一。简单粗暴的欢愉，直击清晨的大脑。

浙江沿海的台州，做法更细腻。鲜肉与香肠定下基调，山与海的滋味齐头并进，乌米饭则统领全局。鲜香在米粒间穿梭，编织出春夏之交的丰饶姿色。

今天是陈郭村的"乌饭节"。对于郑良美来说，这碗乌米饭有更特殊的意义。在主妇们心中，乌米饭的成色不仅体现手艺的优劣，还关系到能否被幸运眷顾。

仪式上戴顶冠的人，由村庄各家的精壮男丁抽签决定。要穿起超过 50 千克的全套行头，需要 12 个帮手协力支撑。他们听从指挥，统一行动。

郑良美今年最大的愿望就是儿子早点儿成家。

农耕民族的节日都是从地里长出来的。水，事关稻谷丰歉。先人把风调雨顺的愿望寄托于神祇。巡游的高潮，是乡民合力的踩水仪式。过去，踩水是为了占卜旱涝。今天，它已经演化为乡村民俗的一部分。

二楼的新房，是为儿子准备的，郑良美把带着美好心愿的鲜花留在这里。甜蜜沁润的乌饭，发出黏糯的召唤。"来，吃乌饭了。"郑良美召唤儿子。

"怎么样？"看儿子吃得香，她忙问道。

"这个弄得好吃得很。"儿子的一句好吃，是对母亲手艺的最好的评价。

紧贴锅底的焦饭，有另一种令人愉悦的口感。

节日过去，一家齐整，农忙就要开始。

贰|西班牙瓦伦西亚大锅烩饭　以米会友

中国 · 上海 📍

　　黑色的米饭也可以在欧亚大陆的另一端找到。西班牙人用乌贼的墨囊给米饭染色。这是完全不同的风味，也能让我们看到稻米行走的足迹。

西班牙墨汁海

埃米里奥回到家，打电话给友人："周末会是好天气，我们可以聚聚。好的，那到时候见……"埃米里奥来自西班牙。在中国3年，有两件东西一直陪伴在他的身边，一件是球衣，一件是一口平底大锅。

"这是什么？"看见埃米里奥搬着如此大的一口锅出现在走廊上，邻居问道。

"平底锅。"

"锅子吗？"邻居依然不敢相信这是一口锅。

"对，大号的。"没人知道埃米里奥是怎样把这口大锅带到中国的。这件道具将参与一场美味魔术表演。

上海，历史悠久的稻米产区。米饭是本地居民日常主食的首选。这座海纳百川的国际化都市，对来自全球的食物，也表现出接纳和包容的态度。市场上，来自各地的大米琳琅满目。埃米里奥仔细地查看着，他对商铺老板说："这些米有一点儿碎了。"

"有碎的是吧？这是磨的时候（弄的）。"

埃米里奥首先要选到和家乡最接近的大米品种。还有些食材不能缺席。走了一家又一家商铺，埃米里奥终于买到了兔子。并非厨师出身，但埃米里奥靠这口大锅在同乡伙伴间，有了一呼百应的号召力。平底锅直径1米，灶头的火力环形分布，兔肉、鸡肉、内脏率先登场，依次排列。

作为欧洲最早的水稻产区的食物，瓦伦西亚的传统大锅饭，是稻田物产和家禽、家畜结合的产物。后来，这种烹饪方式传到沿海地区，当地人把肉类替换成渔获，才有了被更多人所熟悉的海鲜饭。以"米"之名，结交旧识与新友。人们总能在熟悉的谷物里，找到新鲜的味觉。

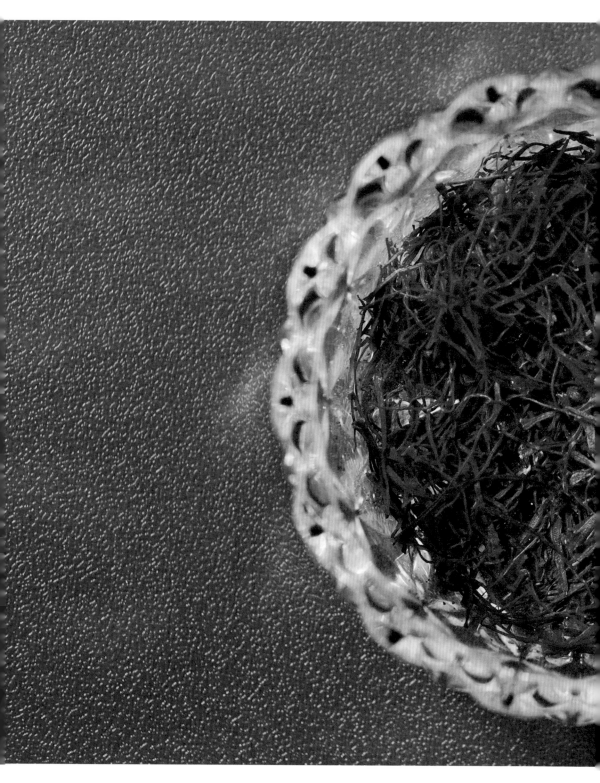

小火慢煎，食材渐入佳境。

轮到灵魂香料出场了。

藏红花，来自西亚，

自古就是给食物染色、调味的高手。

香料与稻米联手，串起了抓饭的演进之路。

印度 📍

抓饭并不单指用手进食的方式，而是泛指与肉类一起烹煮的米饭。它诞生于西亚，伴随阿拉伯地区的战争与贸易的脚步，转头向东，影响了盛产稻米的印度。在印度，抓饭有了更多的艳遇。

销魂的香料拥抱蓬松的米饭，只有酸奶的清甜才能让人片刻醒神。香料、肉食与米饭的组合，同源异流又千姿百态。

印度抓饭

阿拉伯抓饭

西班牙 📍

　　抓饭向西，来到欧洲南部，盛大的舞台交给平底大锅。公元 8 世纪，稻米传入西班牙。埃米里奥的家乡有伊比利亚半岛最大的湖泊，水稻在这里扎下了根。

　　米陷入肉和油脂的沼泽中。少水慢煮,汤汁逐渐收干,米粒集体发出欢叫。稻米的前世今生,在大锅里,娓娓道来。

　　外表膨胀,略带焦香,米芯仍然坚挺。这种有些夹生的状态,正是南欧人执拗的口感追求。人们总能在食物中找到认同,而水稻的每一次抽穗开花、灌浆、结实,也无一例外,映射到我们的三餐中。

叁|广西生榨粉　　如果米粉有天堂

中国 · 广西 · 河池 · 贡川乡 📍

　　我国的北回归线以南的地区，水稻一年可以成熟三次。对稻米的使用，这里的人们有自己独特的方式。

　　韦春娅："姐夫空了来吃粉啊。"

　　"一割完就来啦。"

　　韦春娅在镇上有间小铺子，售卖一种耗时费力的米制品。儿女都在外地上学，丈夫跑运输，店里全靠她一个人。小镇的生活节奏围绕三天一次的集市。制作米粉，却要提前两天开始。

炎热的天气，不利于保存食物，但在这里，是制造风味的引擎。籼米，耐热耐旱的稻米亚种，由于直链淀粉含量高，口感稍硬，但广西人能让它变得香温玉软。

轻微发酵带来的酸香，已经嵌入粉团。凌晨4点，灶火燃起。今天逢集，韦春娅要做好准备。

烫熟的表面，淀粉已经糊化，为籼米粉提供黏合力。持续捶打，质地变得黏稠，再用水不断稀释、揉搅，直到像奶油般细腻。天已放亮，一切就绪。集市逐渐热闹，米粉店也准备开张。

"你只要把菜准备好，我就给你榨粉啦。"韦春娅对韦大爷说。

小镇人的习惯是赶集总要吃碗粉。当然，也有人像韦大爷这样，为了吃一碗榨粉，带孙女先逛市场。

"配菜不是开玩笑的，肉够了！"

"好咯。吃粉咯。下锅。"

"来，到里面厨房。"

浇头、菜码，由食客自行采购、烹饪，猪肉和新鲜内脏是首选。共享厨房里，每个人都有自己的配方。

生榨米粉，是现吃现榨的意思。只需烫煮3分钟，浮到水面就捞起，口感拿捏得刚好。

"你来我就给你做最好的。标致！饿了，就可以吃了。"

生榨粉轻微发酵，易于消化，可以提振夏季里倦怠的肠胃。软嫩顺滑的粉，加上澄亮的汤底，"嗦一窝"，沁出细细的汗，所谓"酸爽"大抵就是如此。

生榨米粉

月底，在松软的泥土上重新插上秧苗。

10000 多年之前，这种禾本植物开始被重视，历经采集、驯化、改良，成为人类的食物来源。小小禾苗爆发出惊人的能量。今天，全球大约一半的人口以稻米为主粮。

在广西，有人群聚集处就有米粉。由于水阔山高，每个县份都有自己的地缘性坚持：粉质、汤底、浇头和配菜形态各异，无法尽说。可以说，人们把所有的奇思妙想，都托付在一碗米粉里——南宁卷筒粉、炒粉虫、宾阳酸粉、桂林米粉、老友粉、柳州螺蛳粉……如果米粉有天堂，也许那就是广西的样子。

韦春娅与家人一起享用米粉

肆｜北美菰米和中国茭白

稻穗的形态，禾本科的基因

美国 · 明尼苏达州 · 布瓦福特印第安保留区 ◉

大洋彼岸，稻族的另一个成员，有着截然不同的命运。

布兰特是一位社区警察，每年9月他都要休假，回归一个印第安人的身份。召唤他的是生长在这片湖区里的一种谷物。祖母是欧及布威族长老，出发前，布兰特接受了她的祝福。

明尼苏达州湖泊众多，布兰特11岁就会驾驭独木舟。

沼生菰，水稻的禾本科远亲，
长在湖泊和沼泽中。
对于没有农耕传统的欧及布威人来说，
菰，是唯一的谷物。

菰的种子一旦成熟就容易掉落，采收需要足够的经验和技巧。没有掉入船舱的颗粒，来年继续生发。采收将持续一个月。

中国 浙江 丽水 大漈乡 ◉

在中国，菰以另一种方式存在。吴大爷将视线贴近水面寻找。植物的茎部刚刚绽出白色的一线，表明恰好成熟，可以收割。

菱白

浙西南的高山盆地，昼夜温差大。这种高达两米的水生植物与欧及布威人采收的菰，是同一个物种。造物主的偶然操作，使菰草被黑粉菌侵染，不再抽穗结籽，反而是茎部逐渐膨大。它的肉质茎成为今天我们普遍食用的蔬菜——茭白。

以最快的速度从水田到厨房。除去茭白略带纤维感的外皮，只留嫩心。以刻刀精雕细琢。放上大量冰块，最大限度保留脆嫩清甜的口感。蘸汁之外，不再需要烹饪。腌渍一周的茭白，酸味婉约，肉质已经很软。

拆出蟹腿肉。茭白与蟹肉，在形、色、质地上很相似，难分彼此。红酸汤的加入，激发出鲜味。

酸茭白松叶蟹粉丝

茭白卧冰

茭白芯，以稻穗的形态，暗示着它的禾本科基因。

在公元前的年代，菰是中国人的粮食作物。到了宋元时期，菰米渐少，茭白兴盛。如今，人们只知茭白的鲜美，而淡忘了它曾经作为谷物的遥远身世。

辛苦耕种的农家，此刻占得先天之利。水煮的茭白，质地酥软中有轻微的韧性，像慢炖的雪梨。

朴素的一餐，给丰收画上句号。

扇贝野米塔

美国 明尼苏达州 布瓦福特印第安保留区 📍

地球另一端，收获还没有结束。刚采收的菰米，含水量是一般谷物的两倍，需要及时处理。特殊的采集和加工方式，在欧及布威人中世代相传，他们将菰米视为生命的种子。

回到祖母的厨房，新鲜的菰米带着水草的清香，布兰特常用它拌黄油，或者将它与鸭肉、鹿肉搭配。身材修长的籽粒，简单油炸，就能获得蓬松干爽的米花。再点缀上多汁的蓝莓、清亮的枫糖，松脆香甜，口感层次丰富。欧及布威人相信，"能够长出食物的水域"是他们的栖身之所。

祖母说："我们做这一切是为了记住我们是谁。"祖母感激湖水和土地的恩赐，明年这个时候，菰米也会守信地再次与他们相会。

法国 里昂 ●

17 世纪，来到美洲的法国人也发现了菰米的鲜美。他们把这种"野米"当成异域美味带回欧洲。

在美食之都里昂，菰米与鹌鹑携手。将土豆和鹅肝碾成泥，黏合菰米粒，填入鹌鹑的腹腔中。用新鲜香草陪伴，用猪皮包裹烤制，增添风味的同时锁住水分。这是极致肥腴的组合，还好有秋天的莓果酱解腻。野米鹌鹑，是一道经久不衰的里昂乡土料理。

野米鹌鹑

伍 | 薏米　另一个版本的"米的故事"

中国 · 贵州 · 黔西南 · 丰岩村 📍

米的故事，在中国黔西南，还有另一个版本。

等待放晴的时间里，杨明伦正好修整农具。杨明伦的老伴邵光芬制作项链，用的是一种形似珍珠的谷物籽粒。

这种植物叫薏苡。当球形的颖果蓄积的能量到达顶峰时，果实外壳会发黄、变硬，这代表它们已经完全成熟。在水稻难以生长的石灰岩山地上，薏苡凭借极强的适应能力，成为主力作物。当地彝族人叫它"薏米"。

杨明伦和老伴拉起罩网，收集随时飞溅的"小球"。坚硬的外壳是自我保护的武器，拥有这件武器来自它的繁衍本能。要获得储存在种子里的营养，得费一番功夫。用巨大的冲击力持续砸向外壳，被严密保护着的米仁，才现出身形。

薏米收获后，就是彝族人的新年。女孩们盛装打扮，戴上薏米项链。

摇米花，打粑粑。薏仁不仅口感和味道接近稻米，甚至根据支链淀粉的多寡，也分为粳性和糯性。粳薏米口感粗粝，多为药用。糯薏米值得更精细的加工。炒熟的紫苏籽，略带辛香的油脂气味，是

杨明伦和妻子邵光芬

彝族汤粑的主要馅料。

中国各地都有节日做汤圆的习俗，米做的外皮包裹甜咸各异的馅心。彝族的薏米汤粑和稻作区的糯米汤圆，有异曲同工之妙。

在杨明伦的家乡，薏米是比稻米更有存在感的谷物。然而在稻米地位突出的长江中下游地区，米制品的制作更为考究。

薏米汤粑

糯米汤圆

陆|糕团　表达对四季岁时的感悟

中国·江苏·苏州 📍

一年四季，苏州人都沉溺在稻米、猪油和糖组成的世界里，他们不能缺了这口迷人的糯。苏式糕点的质地千变万化，奥秘在于白案师傅的"镶粉"技艺。"镶"意为"相互拼配"。改变糯米粉和粳米粉的比例，可以让糕点产生迥异的口感。二八镶粉，二分粳，八分糯，适合做黏糯弹牙的黏糕团。四六镶粉，四分糯，六分粳，蓬松，有颗粒感，适合制作清爽的松糕。染色后的米粉抱团结块，用孔径不足 0.6 毫米的细筛打散（即过筛）。松仁引领，加入豆沙、猪油，只需将米粉轻轻抖落，便完成包裹。春风细雨般，最大限度保留糕团的"呼吸感"。

糯米粉占比更大的米团与粳米粉占比更大的米团相比，两者的质感有天壤之别的质感。将糯米粉占比更大的米团蒸煮后，米团密致黏软，加入猪油，趁高温与之过招。不断按压，把猪油揉进肌理中。温度下降后，米团不再黏手，弹性显现出来。

用米做甜食，表达对四季岁时的感悟，几乎是所有稻作民族的共同传统。

定胜糕，万事好。

定胜糕

桂花条头糕

如同使用筷子是东亚地区普遍的进食方式一样，对黏糯的迷恋，也是一种近乎趋同的爱好。

尽管手法不同，姿态有别，但将糕团塑形，赋予审美的形态，是稻作民族共有的行为。

和果子

柒 | 福建古田红曲醋　红曲实验室

中国·福建·宁德·古田县 📍

　　人类与谷物的互动，常常是不动声色的。自然界中很多肉眼看不见的微生物，为这种互动引线穿针。

林方彭，有一间自己的实验室。

米粥是神奇的培养基，在上面撒上一点儿泥土。只需几天，就能让各种真菌显露出来。米粒被染红，表明红曲菌正在蓬勃生长。

林方彭平时靠做乡厨为生，比起熙来攘往，他更喜欢待在自己的世界里。红曲菌在一周内大量繁殖，是时候让更多的稻米加入了。

群山环抱中，三条溪流冲积出一块平坦的区域，四季潮湿温润。微生物依附在米粒上，渗透攀缘，红曲米由此诞生。米粒上红曲菌与酵母菌共生，可以充当酒曲，加入煮熟的糯米放入坛子中，封坛。

出缸已是 3 个月后。艳红夺目的液体，带着令人迷醉的香气。中国人最早掌握了用稻米酿酒的技艺。尽管工艺相似，但因为水土、谷物和微生物不同，各地做出的米酒气质迥异。

压榨过后的红曲米混合物——红糟，不会浪费。以配料身份加入菜品中，红糟为闽菜注入了鲜明的风味标志。溪水中的小螃蜞，简单调味，与未加工的红糟一起捣碎。奇异的鲜，立刻将白粥点化得活色生香。海鳗，中段肥腻，用红糟抓拌，酒香深入到肌肉纤维中。裹粉后油炸，将两者牢牢绑定，消肥解腻。

咬开的刹那，喷香四溢。生红糟剁细，用薄油煸炒，做成熟糟，可以参与更多调味。

最初由于敬惜饭食而不舍得丢弃的酒糟，如今不仅带来喜兴的色彩，也成为福建人无可替代的味觉依恋。

红曲酒

红糟

稻米，已经消散于无形。假以足够的耐心，红曲米酒能演化成另外一种陈酿。积年的醋母，是能使材料持续发酵的引信。用野生山稻米铺底，加入新鲜榨取的米酒。要等3年，酒才能转化为醋。某种意义上，这是一场接力，醋是酒的下一棒。酒醋同源，起点都是米。

宗亲观念浓厚的村庄里，时光仿佛不曾经过。人们愿意在斗转星移中，守候最初的味道。在福建古田钱坂村，当地人正在坚守着他们的味道。

锅底铺上大米、岩茶和猪油。不加水，兔肉摆放其上。女儿从省城回来，到了父亲展示乡厨技能的时候。

林方彭今天要做米烧兔，这道菜的地位在古田无法超越，其中最重要的调料是醋。用姜母和白糖辅佐，出锅前淋上自家酿的曲醋，勾画出浓烈的酸甜。与大多数中国父亲一样，只有在享受天伦之乐时，寡言的林方彭才露出柔软的一面。

红糟炸鳗

淡糟螺片

醋是这场转化的终极产物，但并不是终点。它再一次激发起红曲米的活力，让一切重新开始。

林方彭着手培育新的母种。

一粒稻米，带我们见证时间的更替与味道的轮回。

百样米养百样人，
稻米被人类驯化，也塑造了人类。
一粒稻谷中，
有四季风土、大地轮回，
也有穹顶星空下的我们。

03

黍粟
本嘉禾

这是一个陌生又熟悉的谷物家族。

不露锋芒的小小颗粒，

蕴藏着随遇而安的品性。

有的独领风骚，位居显赫的主粮地位。

有的在时间沧海中音讯渐少。

它们相映生辉，此消彼长。

共同点燃一缕缕人间烟火，

映照着古往今来的多样生活。

壹 | 谷子　一年一收，颗粒归仓

中国 · 河北 · 邯郸 · 王金庄村 📍

　　4月，燕子们忙着筑巢，张爱定的建筑工作也开始了。56岁的老张，是当地为数不多的工匠。家里不到5亩地，全在山上。

　　地里有一处塌方，修葺好，正赶上春播。太行山，石厚土薄。层叠的梯田，是人们应对生存问题的解决之道。

天不亮，妻子张海叶就炒好了一锅蔬菜。他们将要播种的田在山的顶峰。种地是辛苦活，沉睡了一冬的田地，要先犁，后耢。

楼车上倒入的种子是粟，当地人叫谷子。晃动籽斗，粟种顺势下落，能一次播种三行。每一寸土地都不会浪费。

农具房是临时的厨房。粟脱了壳叫小米，熬出的米浆，解渴又充饥。野韭菜用来调味。小米煮到开花，加入提前准备的蔬菜，使小米有一些辛香味。

河北 邯郸 王金庄村

张爱定和妻子张海叶

妻子张海叶问道："好吃不？"

午饭就地解决，毛驴也吃了一篮土豆。张爱定看着他心爱的毛驴说："（它）好比我们家里（的）一个成员嘛。时间长了就很有感情了。"

张爱定和妻子会一起祈求平安、风调雨顺。 太行山年降水量少且不平均，小麦、水稻难以存活。粟，由狗尾草驯化而来，是一种异常坚韧的谷物。现在只差一场春雨。

种子在泥土下萌发，蓄积能量。降雨被收集到水窖。雨水对谷物和人同等重要。经过几缕春风、几场雨，粟就长出来了。

【小米鲊】

中国 贵州 黔东南 乌尧村 📍

中国北方的小米，颗粒分明。而西南地区的人们，更偏好黏糯的品种。

炸过的五花肉和熏制的腊肉，加入蒸熟的糯小米，注入慢熬的冰糖水，填满一整碗。蒸制 4 个小时以上，黏糯的米拥抱着油脂，浓缩了对美好食物的一切想象。

9 月，庄稼成熟。梯田又热闹起来。"驴吃了谷了，快去！"妻子喊张爱定。"想方设法去偷着吃一口，谷穗香啊……"

小米鲊

如今，粟的主粮地位已经被取代，但凭借耐旱的特性，在黄河流域依然广有种植。粟的加工，不同地方的人们各有方法。除了直接食用，北方人还把它磨成粉。

【对夹】
中国 内蒙古 赤峰 ◉

在赤峰，猪油和小米面混合搅拌，制成"小米油酥"。它是制作当地的一种小吃——小米对夹的核心秘密。将小米油酥均匀涂抹在小麦面皮上，仔细卷起。五花肉经卤制后再用红糖和松木熏烤。高温下，油面分离，饼皮酥松有层次。小米虽已匿迹潜形，但香气犹存。酥饼开口，塞入熏肉，再次回炉。小米对夹金黄焦脆，馥郁奇香。

相比之下，河北邯郸王金庄村张海叶家的做法更加纯粹。

发酵后的面糊，含有大量气泡，趁热做成摊黄儿。眼下正是火柿子熟透的时令，将它用松软的有海绵质地的对夹卷上，夹起来，甘香迷人。

4亩多田，一年一收，颗粒归仓。为了让土地休养生息，谷子田明年将要轮作另一种旱地作物——玉米。它的故乡在地球遥远的另一端。

粟，

在中国北方大约栽培了 8000 年，

一直是重要的口粮。

它的种植版图，

曾经扩展到整个欧亚大陆。

贰｜玉米　没有玉米，就没有墨西哥

墨西哥 · 纳亚里特州 · 卡潘村 📍

"准备吃早饭了！"

10 岁的莱尼珍藏着一张照片,那是父亲夺得冠军的留影。追上父亲的脚步,今年莱尼父子将一起参加最长玉米比赛。

切博鲁科火山最后一次喷发在 150 多年前。火山喷发给这里的土壤带来丰富的养分。莱尼家的田就在山下,种植着世界上最大的原生玉米品种——"哈拉"。

"它接近 40 厘米长——40 厘米!"莱尼激动地介绍。

8000 多年前,玉米在墨西哥中部被驯化。数千年的培育,使玉米穗轴逐渐粗大,籽粒也成倍增加。

比赛当天是莱尼妈妈的生日,奶奶一早就开始准备生日宴。用石灰帮助玉米软化,玉米释放出人体必需的烟酸,加入鸡肉和香料,用小火慢炖。莱尼父子到达赛场。由于特殊原因,赛事一度中断。重新恢复后,选手们都志在必得。为鼓励人们保护哈拉,比赛设有丰厚的奖金。每人挑选 3 穗玉米参赛,总长度最大者获胜。

莱尼是最年轻的选手,初次参赛他就取得了季军,这是非常不错的成绩。

经过长时间炖煮,玉米硕大的颗粒,像花朵一样绽开。亲友们陆续到达,父子俩也及时赶回。

"妈妈生日快乐。"

"谢谢儿子。"

配上新鲜的蔬菜,浓郁的红汤底略带辣味,玉米粒清甜有嚼劲。

墨西哥玉米鸡肉浓汤

玉米是墨西哥人的骄傲，
也是农业驯化史上最伟大的作品之一。
因为它适应力强、产量高，
所以势不可挡地遍及全球。

【糯玉米】

中国 广西 来宾 联堡村 📍

400多年前，玉米传入中国。因其具有珠玉般的外观，所以被人们称为"玉蜀黍"。这足见人们对它的珍视和喜爱。

夏末，黄梅凤家的天台上，"小家伙"正要外出工作，它们的目标是正值花期的玉米。顶部雄穗，此刻能产生千万粒花粉。下方的雌穗，吐出丝状花柱。两个月的时间，苞叶变黄，变松散，玉米可以收获了。

西南地区是玉米进入中国的区域之一。西南地区的风土，催生出一种特殊玉米。人们抓住自然的灵光一闪，悉心培育出几乎全是支链淀粉的糯玉米。

黄梅凤和女儿

　　新鲜玉米磨浆混合少量面粉，再用清香的苞米叶包裹住。做出的玉米粑粑细嫩黏糯，蜂蜜加持下，有着无限温柔的口感。

蜂蜜玉米粑粑

来宾的街头，早餐 5 元一份，有 20 多种免费小菜。然而小菜不是目标，让人欲罢不能的恰恰是一碗素净洁白、浓稠香软的糯玉米粥。

来宾街头早餐里的免费小菜

糯玉米粥

【铁锅炖玉米】

中国 东北地区 📍

在盛产玉米的中国东北地区，充分利用大锅的空间和热力，将发面玉米饼沿锅贴一圈，暄腾松软和焦香酥脆兼而有之，玉米饼还能吸收肉汤。

【玉米黑松露】

墨西哥 墨西哥城 📍

墨西哥是目前拥有玉米种类最多的国家，而墨西哥人甚至以"玉米人"自居。塔可，一种风靡全球的墨西哥小吃，配菜可以千变万化，但玉米饼是永恒的主角。

主厨阿特兹喜欢用现代语言讲述传统玉米的故事。玉米笋，柔嫩多汁，炙烤后会增添焦脆的"牙感"。红虾熬煮玉米面浆，海鲜和玉米的组合平衡巧妙。

阿特兹会用分子料理手法，将新鲜玉米汁，制成水滴形状。将玉米粒轻咬，甘甜喷薄而出，享受一种奇特的体验，用它制作出老少咸宜的爆浆玉米小丸子。然而这些都满足不了阿特兹。每到高温潮湿的天气，一种"病态"的玉米会在田里无常出没。散发着潮湿泥土和菌类特有的气息，臃肿变形。玉米一旦被黑穗菌感染，就变身谷物家族的另类——"玉米黑松露"。

玉米海鲜面汤

不友好的气味是挑衅，有时也是撩拨和诱惑。所谓怪味，其实就是超越了经验和习惯的味道，与美味常常只有一线之隔。隔阂一旦被击破，就仿佛打开了另一个世界的大门。

蘑菇、蒜头、松仁和苔藓的味道，还有隐约的甜和花香——有这些味道的玉米黑松露是墨西哥主厨的挚爱。没有玉米，就没有墨西哥。

低温慢煮玉米黑松露

叁|火麻　远离中心舞台的麻籽

中国 · 甘肃 · 天水 · 清水县 📍

600 多年前的地理大发现，改变了全球粮食结构。玉米种植面积不断扩大，另一些谷物逐渐退隐。

10 月，黄土高原上，一种高大的作物开始进入收获期。火麻，在中原先民的"五谷"概念中曾占有一席之地。

火麻秆风干后，颜色变白。抓住一头，将外皮轻轻撕开。外皮里有细长柔韧的植物纤维。在古代，它的外皮是天然的纺织原料。

　　火麻籽只比绿豆稍大，油脂充沛，炒熟后有浓郁的坚果香气。嗑麻籽是天水人的特殊才艺。

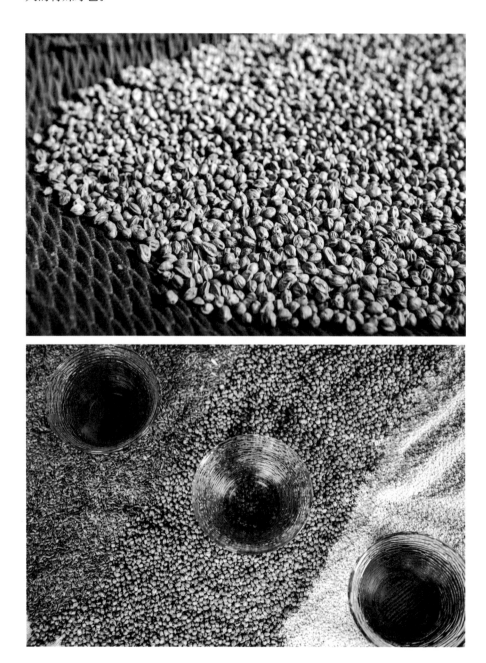

核桃拌苦菊芯

火麻油蛏子皇

火麻油蛏子皇

　　麻还是中国重要的油料作物。"麻油"家族里，胡麻油、芝麻油浓烈、外向。火麻油的香气更清丽幽远，有草本植物和豆类混合的味道。

　　可以用火麻油直接拌水果酸奶，或是为清淡的菜肴画龙点睛。

2000多年前，麻籽是先民的粮食，如今它已远离舞台中心。然而在西北人手中，还保留着一种特别吃法。研磨破坏火麻籽的细胞结构，用热水反复搓洗，滤去细渣。锅内保持沸而不滚的状态。不用点卤，蛋白质即可变性，材料会产生絮状沉淀。做好的成品就是天水人挚爱的麻腐。

口感细腻，散发着坚果、木质和烟熏的复杂风味，麻腐为平淡的面食增添奇妙的质感和风味。做成的包子口感绵软，趁热最好吃。做成的烙饼表面酥脆，要蘸上新春的蒜泥。油炸的盒子最有嚼劲。

其貌不扬的一棵植物，从茎秆到籽粒都给一家人带来温暖。霜降，秋季的最后一个节气。冬天要来了。可是，还有什么好担心的呢？

麻籽是个宝！

麻腐

麻腐包子

麻腐饼

肆 | 鸡爪谷　找到新的归宿

中国·西藏·日喀则·陈塘镇 📍

　　罗布在山上搜集一种细竹，他和家人居住在喜马拉雅山脉海拔约 1500 米的山腰。这里是夏尔巴人的聚居地，对面就是尼泊尔。

　　妻子松确正在等待姐妹们，她们要一起去山下的田里，收割一种夏尔巴人特有的谷物。

　　"边边，你不要抓鸡了，鸡爪谷踩坏了多可惜！"松确喊小儿子边巴拉加，她心疼这些让儿子踩坏了的鸡爪谷。

形状像鸡爪的谷穗，此时已经呈现棕褐色。这种谷物叫穄子，夏尔巴人更喜欢叫它鸡爪谷。将谷物的籽粒磨成粉，用热水烫熟。劳动间歇，这是便捷的一餐。鸡爪谷糌粑，缠绵的颗粒感中有谷物的清甜，一直是当地人依赖的主食。无法考证鸡爪谷是何时传入西藏的。5000 多年前，它在非洲被驯化，种植遍及亚欧各地，至今还是印度的重要谷物。

夏尔巴人是与高山共生的族群，拥有非凡的脚力。松确和姐妹们带着收获物，徒步 3 小时，回到了位于山腰的村寨。

庄稼收完是值得庆祝的大事。松确将用 10 天来准备一场答谢宴。鸡爪谷煮熟，混合酒曲，可以促进糖化和发酵。将混合物重新装进锅里，裹上毛毯保温。两天后，鸡爪谷长出白色菌丝，这是发酵成功的标志。将它们全部转移到陶土坛里，等待风味的酝酿。

鸡爪谷

鸡爪谷酒

　　罗布带回的箭竹，被打磨得光滑精致，用它制成饮酒的竹管，别有风致。松确也换上了盛装。陶土坛启封，拉开宴席的序幕。插入竹管，深吸一口，这是鸡爪谷酒最地道的饮用方式。初饮时微酸，回甘却像果汁利口顺滑；再品又像米酒，兼具浓稠的口感和清新的米香。

　　"我们永远在一起，无论（世界）如何（改变），（我们）都是彼此的亲人。"大家围成圈子，跳起来舞蹈。都说喝了鸡爪谷酒，感情永远不会变。谷物，关乎农业民族的生存。如今，不再忧心温饱的人们，吃的食物日渐丰富。一些曾经赖以为生的粮食，通过另一种形态找到新的归宿。

中国 上海 📍

麦佳，来自拉脱维亚。她的丈夫哈迪普，是一位印度裔厨师。尽管夫妻二人现在生活在上海，麦佳仍然保持着原先的风俗习惯，她照例要在圣诞节前制作北欧风格的酸面包。而哈迪普计划换个花样——加入来自印度的鸡爪谷粉。没想到，这种不含麸质的面粉，却给制作增加了难度。

哈迪普回到自己经营的印度餐厅，一切就得心应手多了。鸡爪谷在这里有更成熟的表达。用鸡爪谷面糊制作松饼，外观看上去扎实质朴，与冰激凌搭配在一起，形成奇妙的反差。

鸡爪谷松饼

哈迪普还做了几道拿手菜。羊肉炙烤出香味，小鱼裹上面糊油炸至酥脆。鸡爪谷以特别的形式最后登场。这道烤羊肉配鸡爪谷古斯古斯（地中海地区的一种面食）是哈迪普特意做来献给妻子的。

餐厅里的创新初有成效，但哈迪普还惦记着为妻子准备的酸面团。面包出炉，外皮厚重焦脆，内芯却软弹筋道，传递出浓浓的谷香和清爽的酸味。第一次尝试用酸面团制作面包，虽不完美，但妻子麦佳还是给予了鼓励。

烤羊肉配鸡爪谷古斯古斯

鸡爪谷酸面包

伍｜高粱　丰收，是最好的下酒菜

中国 · 贵州 · 遵义 · 仁怀市 📍

　　如果要在谷物中选出"制酒冠军"，那非高粱莫属。用河水浸泡蒸煮后，籽粒内部的淀粉颗粒膨胀糊化。混合了酒曲后，高粱张开怀抱，不断网罗空气中的微生物。

　　全程使用整颗粮食进行固态发酵，这在世界蒸馏酒发酵技术中独具一格。高粱在窖池中蜕变，从青涩到醇厚。这一过程成就了赤水河流域——这个中国白酒酿造的天堂。

一切都是从岸边的高粱开始的。有似"鹰嘴"状的凸起、深红色的糯性高粱，被当地人叫作"小红粱"。这种高粱种子粒小皮厚，遇水就开始萌发。

两周后，幼苗长出，移栽到地里，等待雨季的到来。端午前后，赤水河两岸紫红色的土壤被雨水冲刷，河水从清澈染成了红色。河谷地带气候湿热，有助于高粱蓄力生长。

高粱起源于非洲，大约在6000多年前被人类驯化、种植，如今它逐渐从餐桌上隐退，其中一个原因是它的种皮含有单宁，味道苦涩。但是这难不倒愿意在烹饪上耗费精力的中国人。

刚收割的高粱米，反复搓洗，磨去种皮，进一步减少涩味。人们将它和大米、玉米糁混合，制成杂粮饭。吃杂粮饭在老金家是一种有意保留的习惯。高粱磨面，借助糯性揉成面团。擀出面皮，包裹上用红糖、花生和猪油做的馅料，制成高粱糖三角。咬一口，香甜油润，在口腔中牵缠。

高粱种皮中的单宁，虽然对于烹饪来说是道难题，但在白酒的酿造和储存中，它却可以转化出一些特殊的芳香物质，适量的单宁还能为白酒增加醇厚的口感。

由于白酒具有较高的酒精度和易燃性，所以在有白酒参与的中式烹饪中，它除了发挥调味作用，还可以增强观赏性。当酒液与热锅相遇，瞬间汽化成腾焰飞芒，这不仅能让草头入味，也解了肥肠的腻。炭烧海鲜，在烈焰炙烤下，再加入几滴白酒，瞬间鲜香扑鼻。

高粱白酒

　　茅台人算是近水楼台，用本地酒烹制本地黄牛肉，干锅烈火舒展牛肉的肌理，口感润泽，滋味也更加可口。高粱虽然逐渐淡出中国人的主食序列，但凭借在酿酒中的卓越表现，它在绝境中开辟出另一条赛道，大放异彩。

　　丰收，是最好的下酒菜。每一种与我们相处的谷物，都值得珍视。竭尽所能挽留那些渐行渐远的背影，在岁月中，酝酿出无可替代的风味，这是人类与谷物的约定。

陆 | 糜子　岁月相守，糜子相伴

中国 · 山西 · 河曲 · 娘娘滩 ◉

　　黄河，一路穿过黄土高原，在山西河曲境内沉积出一个沙洲——娘娘滩。年逾七旬的李来凤独自一人生活在这里，陪伴她的，是一只叫浪浪的狗和一只叫小花的猫。

　　黄河流域，有一种作物的籽粒非常像粟。这就是黍，俗称糜子。浆米罐中的糜子，在夏日的傍晚开始发酵。只需静候几天，风味就会如约而至。

　　经过一夜，原本质地紧实的糜子米，表皮变得柔软。糜子，曾经在中原地区的文明史中留下过浓重的印记。过去人们也曾在娘娘滩上种满了糜子，直到 10 多年前，田地被树木取代。

　　小火焖煮 20 分钟，糜子米就能开花。糜子粥酸香可口，有助于肠胃消化。一碗糜子粥，一狗和一猫，几乎是李来凤夏天的日常。

　　对岸的内蒙古，也能看到糜子在饮食中留下的踪迹。

　　在内蒙古，人们用黄油润锅，油热后加入牛肉干、嚼口和奶豆腐同煮。炒熟去壳的糜子米被蒙古族人民称为"炒米"，从元代开始，炒米就是草原族群离不开的谷物。加入炒米，煮到锅中汤水微滚。这种奶、肉和谷物的组合，牧人称为"锅茶"。一口下去，浓稠的液体中有咀嚼的快感，热量和饱腹感兼得。

锅茶

　　几十年前，李来凤嫁到娘娘滩。如今儿女成家后，已陆续搬离了这里。老伴儿去世后，儿女们想接李来凤离开这里，但她依然选择留下。今天是李家的大日子，二儿子一早便驾船来接母亲。这是李来凤三年来第一次离开娘娘滩。

　　住在县城的大儿子和儿媳一早也开始忙碌。将糯性的黍粉搓成小团，在滚水加热的笼屉中，烫熟一层，再细细地铺上一层。蒸汽使每一层黏性增强，但如果要达到光滑、上劲的程度，还得和烫手的面团较劲。

今天是李来凤的生日，一大家子人悉数聚到二儿子家，给母亲贺寿。大儿子用黍粉做的菜糕正是给母亲祝寿的贺礼。菜糕被带到老二的厨房，做最后的加工。高温油炸，表皮迅速脱水，留下金黄焦酥的气泡。咬一口，香气乍泄，内里却是清鲜绵软。

白云苍狗，黄河南岸早已今非昔比，还好全家都在，糜子也在。

菜糕

【糕灯】

中国 山西 河曲 碓臼焉村 📍

　　沧海桑田，黍，一直保留在河曲人的饮食里。每年开春，它还有一次特殊的展示。粳性与糯性的黍粉，按一定比例搭配，加水后揉成面团，便成了主妇手中富有趣味的雕塑材料。

糕灯

　　农历二月二，是河曲县的传统民间节日——点糕灯。把祈愿寄托于丰盛的食物，是人类共通的习俗。河曲人将岁岁平安的向往，赋予精巧的造型，点亮在夜色里。

　　节日过去，日子恢复宁静。娘娘滩上曾经居住着百余户人家，如今只剩下两户人家在此守候。李来凤的儿子们轮流每周上岛看望母亲，带去食物和生活必需品。新的一年，李来凤依然有糜子相伴。

春种一粒粟，
秋收万种味。
小小的籽粒，可以果腹，亦可安心。
无论兴衰沉浮，沧海桑田，
谷物在哪里，家就在哪里。

04

种豆
青山下

它们是顽皮灵动的种子，
遍布地球每个角落。
憨态可掬的外表下，
却有着深藏不露的城府。
只有与巧手相逢，
豆，才会一次次卸下铠甲，
释放非凡的能量，
拓宽人类食谱的边界，
绽放风味的万千姿态。

壹｜榼藤子　为美食而冒险

中国·西藏·林芝·墨脱县 📍

雅鲁藏布江，两岸陡峭，
密林之中暗藏着危险。

玛旺堆和次仁旺堆

山间的路不太好走，次仁旺堆问弟弟："我们从哪里出发？"

尼玛旺堆："从那边上去。"

次仁旺堆指着一处相对平坦的地方："是那边吗？"

这是雨季前他们进入森林的最后机会。没有路，但难不倒旺堆兄弟。很快，他们找到了熟悉的老藤。

次仁旺堆："我爬不上去！"

尼玛旺堆："爬不上去吗？让我来。"尼玛旺堆摘下挎在肩上的竹制水壶，递给次仁旺堆。尼玛旺堆搓了搓手，向上一跃，双腿顺势夹紧了树干，手脚并用地向上攀。离地20米，藤蔓指引的更高处，是旺堆兄弟的目标。

次仁旺堆在底下喊道："找到了吗？再往上一点儿。"

榼藤子

这是中国境内生长的最大的豆荚——榼藤子。尼玛旺堆对等在下面的次仁旺堆喊道："接住啊！"然后一刀砍了下去。

次仁旺堆："往这扔。"榼藤子顺势落下，次仁旺堆拿在手里晃了晃，说道："这个好。"

"这里面也有。"次仁旺堆告诉尼玛旺堆，刚刚扔下来的几个榼藤子都很好。

"喝一点儿酒吧，今天确实累坏了。"兄弟两人就地取材，捡起荷叶包成了杯子，喝起酒来。

荚果长达 1 米。豆子硕大，种皮坚硬。半年前结的果实，已经干枯变脆。槲藤子过去是家庭主食的补充，如今更像稀罕的食材。

旺堆兄弟从雨林带回的槲藤子，需要先做处理。几乎所有的豆荚和豆子都含有皂苷和植物凝集素。它们是豆科植物通用的"防身武器"。如果过量摄入，人体就会产生中毒反应。这无疑给人类食用这些豆子，增加了难度。

每一步的处理，旺堆兄弟都得加倍小心。豆荚加热后会爆壳，为了避免家禽误食，种皮不能随意丢弃。旺堆喊妻子卓玛央宗："把槲藤子拿过来。"

"好的。"随着话音落下，一锅煮好的槲藤子被端了过来。

虽然水煮能够去除毒性物质，但是对于个头较大的槲藤子，去毒的过程并没有那么轻而易举。旺堆兄弟还需要父亲的指导。父亲扎西叮嘱道："毒一定要去干净，我会在一旁帮你看着。"

韭菜炒楂藤子

他们添柴烧旺火，添水煮开，再倒掉，续水后继续煮，如此反复。每煮一次，旺堆的父亲都要摆上一粒楂藤子作为记录。煮完9次，他们才能松一口气。

旺堆家的习惯，是用辣椒和嫩韭菜爆炒楂藤子豆。这些富含淀粉和油脂的豆子，口感类似于坚果，散发着杏仁的香气。

"奶奶吃饭。"尼玛旺堆叫道。一家人团坐在一起，品尝着传统饮食的乐趣。

"它在树上长得太高了。"尼玛旺堆和奶奶说。

经年累月，人们渐渐掌握了与豆类的相处之道。"楂藤子，要煮9次啊！"旺堆两兄弟一边摇着大大的楂藤子，一边嘱咐道。*豆类，富含植物蛋白，在漫长的时光中，被人们作为重要的粮食，大大丰富了主食的类型。

---

*《风味人间》第四季纪录片中如实记录了传统饮食方式。请注意：楂藤子直接食用有风险，请谨慎尝试。

贰|蚕豆　初夏的江南味道

中国 · 浙江 · 桐乡 · 店街塘村 📍

天未亮，余炳文夫妇就来到蚕房查看。妻子陆娟新压低声音问："醒了吗？"

丈夫余炳文翻开手掌，一对蚕宝宝在他掌心里慢慢地蠕动着。"醒了！"

"走，采叶去！"陆娟新提议。夫妻二人拿上工具就出发了。蚕农每天都要为幼蚕的口粮而忙碌。

谷雨刚过的江南，田里的桑枝新发嫩叶。桑田边，一种豆科植物，此时也将饱满的豆荚挂在了腰间。它就是蚕豆。它的豆荚形如老蚕，这可能是其名字的由来。种子被豆荚皮包裹，这是豆类植物特有的果实形态。蚕豆成熟后荚将自然张开，助推种子传播、繁衍。然而，贪图口感的人，往往会抢先一步。

余炳文夫妇

陆娟新吩咐丈夫道："这些剥出来，留着慢慢吃。"初夏的鳝鱼肉质细嫩，必须快炒才能定型。将韭黄和蚕豆用底油煸香，响亮的辛和清新的甜相互衬托，营造出柔和的鲜美。

这便是初夏的江南味道了。

世界上最早食用蚕豆的，是地中海地区。和中国人追求新鲜不同，他们更偏爱干的蚕豆。下底浑圆的大肚锅，能够聚合热力，蒸汽循环。熬煮 12 个小时以上，蚕豆淀粉大量溶出，出现炖肉般的浓香和细沙般的颗粒感。

"奶奶，你在做什么？"孙女岚岚一回来就凑到陆娟新跟前问这问那。

"剥蚕豆啊！"看见孙女，陆娟新就高兴。"你看我做的这个蚕豆戒指，我给你做一个。"陆娟新说着，拿起刀在小小的蚕豆上舞动起来，一枚小巧的戒指瞬间有了雏形。

岚岚平时在市区上学，奶奶的厨房对她来说，充满了田野的新奇。

宁式豆瓣鳝丝

立夏饭

　　奶奶今天要为家人准备丰盛的一餐。咸肉释放出酝酿了整整一个冬季的脂香，雷笋脆爽，新摘的蚕豆质地绵密、气息清新。将粳米和糯米对半放入，使它们一同被蔬菜和汤汁包裹。铺上新鲜的藠葱，滋味鲜明地宣示夏季的到来。

　　立夏时节，农作物进入旺盛的生长期。江南有吃立夏饭的风俗。孩子快快长高的美好愿望，都寄托在这一碗蚕豆饭里。

　　伴随着蚕结茧，属于鲜蚕豆的时令结束了。蚕豆是在养蚕期间吃的豆，这也许是人们叫它蚕豆的另一个原因。"我们二毛一床。我们小岚一床。我们君然一床。"陆娟新对孩子的疼爱都写在了脸上。两个月的辛劳，换来雪白的棉兜。今年可以给儿孙们每人做一条蚕丝被。

叁|地坑鸡肉豆饼　人类与谷物的和谐共生

墨西哥 · 尤卡坦州

围绕谷物生长的节律分配饮食，安排生活。
不仅精耕细作的地区如此，
依赖自然种植法的中美洲乡村也有高妙的创造。

恰布　梅　米格尔和她的孙女埃琳娜等

10 月，米格尔带着孙女在自家田里采收。玉米是中美洲家庭的日常主食，豆类也是不可或缺的。

今天，妇女们用利马豆做午餐。这是菜豆的一种。

南瓜子浑身散发油脂的香气，绞碎的生利马豆和煮熟的利马豆组成馅料。这里的人们还沿用最古老的烹饪方式。锅里加入炙烧的岩石，利用存续的热能，做出浓烈的焦香。此时再填入玉米面团，一起油炸。不同谷物的氨基酸相互补充。无论在营养上还是在味道上，南瓜、玉米和菜豆都是餐桌上的黄金搭配。

这个组合联袂演绎的奇妙，还不止于此。尤卡坦半岛的地表被石灰岩覆盖，因此几乎没有河流和湖泊。

又过了 3 个月，这次的采收，必须举家出动。芜杂的丛林里，隐匿着米格尔家的庄稼。他们使用一种看似粗放、实际非常有智慧的混合种植形式——一切开始于半年前，玉米率先发芽，南瓜紧随其后，最后是豆子。豆子柔嫩的茎蔓，不断试探、摇摆，找到玉米秆后，便奋力向上攀缘。这个抱团生长的集体，被称为"生命三姐妹"。玉米作为支撑，豆为土壤固氮，南瓜抢夺杂草的养分，三者共同形成一个互助的小型生态系统。

米格尔家全家 25 口人，男女老幼一起上阵。玉米已经收过，这次成熟的是豆子。几千年来，玛雅人一直沿用这套独特的米尔帕自然种植法，如今这套方法甚至给现代农业带来一些灵感和启示。

丛林的丰收过后，将迎来盛大的聚餐。

黑胡椒提供辛辣的口感，胭脂树籽则带来草木的清新和红艳的色泽，非常适合烹煮鸡肉。

为了准备大餐，需要更大的烹饪空间。院子里，男孩们在米格尔爷爷的指挥下制作地坑炉。

　　不一会儿，地炕炉中的鸡肉就已经酥烂入味，取出，沥干汤水，将鸡肉拆成细丝。新收的豇豆，豆荚已经变薄，淀粉聚集。豆子粒粒饱满，将它与猪油酱汁一同掺进面团。将混合后的面团捏成容器的形状，填满提前制好的玉米糊和鸡肉丝。这是来自田野的收获，混合了肉类与香料，最后一齐被包裹进芭蕉叶。白云为盖，天地仿佛融于一炉。谷物来自土壤，现在又重新回归大地。

　　两个小时的耐心等待后，美妙的气味从地下飘出。取出包裹着荷叶的地坑鸡肉豆饼，趁热切开。香味背后是全家人对美味的期待。

　　米格尔和孙女再次来到田地，传统的种植法在这里代代延续。

　　依循植物的自然天性，这何尝不是人类与谷物的共生方式？

地坑鸡肉豆饼

包裹上荷叶的地坑鸡肉豆饼

肆 | 锅巴油粉　历经千锤百炼的豌豆千层

中国·云南·大理·南涧县 📍

　　与人最亲和的豆类，可能要数豌豆了，它生长的每个阶段对人类来说都是餐桌上的美味。长苗时，只掐顶端的嫩尖儿。热汤氽烫，立刻激发豌豆标志性的香气。结荚果的阶段，人类又培育出专吃豆荚的荷兰豆和食用豆仁的甜豆。成熟的豌豆颗粒，慢煮后能获得浓稠绵软的质地，适合搭配不同的食物。甚至，仅凭一己之力，它也能成就独特的美味。

"老婆，今天天气这么冷，你做这么多怎么卖得完？卖不完咋整？"沈朝芝的丈夫杨光旭问。

"你看我卖得完卖不完！"沈朝芝带着她100斤重的"作品"上路，天不亮就出门，是为了去山另一边更大的集市。每六天赶一次街集，乡民陆续到来，摊主们迫不及待亮出自己的手艺。

荷兰豆炒百合

火腿甜豆

豌杂面

　　锅巴油粉是哀牢山、无量山一带特有的小吃。不同质地的层叠，其实都是豌豆的变身。将豌豆粉碎后，滤一遍杂质。使用直径1米的大锅，沈朝芝依着锅底的弧度，用刮板均匀地摊出一张薄薄的豌豆锅巴。

　　女儿梦真跑进来喊道："妈妈，我放学了。"

　　"好，进来。等下吃锅巴！"沈朝芝知道女儿是闻到了锅巴的美味。新鲜出炉的锅巴，无需任何调料就已经是薄脆香浓的美味了。接下来要继续过滤豌豆粉浆，以提取更细腻的淀粉。蘸水的8种原料，要提前准备。除了香辛料，用粗糖腌制的木瓜醋轻盈爽亮，散发着天然的

云南·大理·南涧县

果香。成熟的豌豆，其淀粉含量超过五成。过滤掉细纤维和色素等，洁白无瑕的豌豆粉浆才符合沈朝芝的要求。稀释后，再熬煮半小时以上，边煮边搅，糊化出质地通透、黏稠的混合物，当地人称为油粉。1张锅巴，1勺热油粉。油粉中的淀粉凝胶粘合每一层锅巴，不断重复交叠，锅巴被软化，油粉被冷却定型。豌豆的不同形态，再次合体。无量山的豌豆千层，有着独特的造型和口感魅力。

"阿嫂，吃点儿油粉，来吃点儿嘛。"既是邻居又是顾客。沈朝芝做的锅巴油粉，色泽金黄，层数最多，迅速在集市上就打开了局

面。而且蘸水由食客自选，分量不限。锅巴绵韧，油粉清亮。用木瓜醋、辣油和蒜汁等调味，柔滑爽口、豆香浓郁，有果冻般的口感。

沈朝芝说："我的锅巴油粉，坐过飞机，坐过火车，坐过地铁，游客们来了都要带走一些，因为别的地方没有锅巴油粉。"

最早，豌豆粉只是果腹之物，经过人们的不断改良，成了诱人的小吃。这份手艺也给沈朝芝和她的家人换取了安稳的生活。

伍│花生　与蔗糖结合，恰金风玉露

中国·浙江·桐乡·店街塘村 📍

　　并非所有豆荚都是迎风悬挂的。有一种豆科植物，如同卧底，长年蛰伏在沙土里。花生，常被归类为坚果。但闽南的叫法更加贴近它的本质——"土豆"，因为它是生长在土里的豆。

　　刚收获的新鲜花生含水量高，很容易发芽、霉变。加海盐同煮，有助于花生脱水。经过 7 次反复的日晒夜收，花生变得脆韧还带有阳光和淡淡海风的味道。

　　花生大概是最好相处的百搭型豆科食材。在甘蔗种植广泛的岭南地区，花生与蔗糖结合，恰似金风玉露，造就出种种诱人的甜味小食。

泰国 曼谷 📍

在东南亚地区，花生被视作调味的主力。

高调的酸辣是泰餐的标志。焙炒的方式可以激发花生自身的油脂香气。酸辣与花生的脂香相得益彰，两者搭配后温和醇厚，浓香耐嚼，是老少皆宜的一味美食。

印度尼西亚 日惹 📍

在印尼，美味离不开沙嗲酱的加持，而其中最重要的原料，就是已经"粉身碎骨"的花生。在争奇斗艳的香料面前，花生不动声色，包容并收纳其他风味。

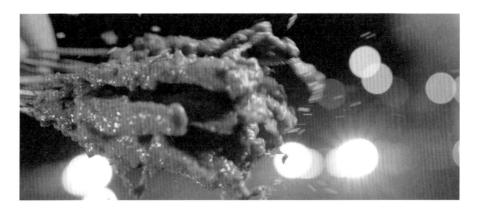

中国 广东 化州 📍

作为重要的油料作物，花生榨出的油香味十分浓郁。在中国广东化州，所有白斩鸡都要用花生油做最后的润饰，才能以"香油鸡"之名登台亮相。

在花生最早登陆中国的东南沿海，还有一种做法，是将功夫化于无形。在福建晋江深沪镇的老街，天不亮时，朱凉凉夫妇便第一个开门，开始了他们一天的生意。这家传承了40多年的早餐店，只卖一样东西——花生汤。店铺是从父亲那接手的。现在，阿凉（朱凉凉乳名）顾店，丈夫阿九负责送汤。制作花生汤需要提前一天准备食材。夫妻俩也有明确的分工：阿凉负责将泡软的花生衣用自制的木板搓下来，同时将花生仁分成两瓣；阿九则负责熬煮。大火烧开，撇去浮沫。再转到煤炉上，用小火慢慢煨煮半天。

在高温的作用下，花生里的蛋白质帮助油脂和水混合。凝结的油脂层被揭开后，呈现出奶白的汤色，而不见一点儿油花。花生颗粒外观完好，但只有品尝过才知道，它早已变得绵密酥软。此时加入白砂糖收紧汤底，花生仁会马上浮出水面，这表明此时汤的甜度恰到好处。

显微摄影 光学放大 10 倍

早餐时间，福建晋江深沪镇热闹非凡。一碗花生汤，满足了大多数闽南人对早餐的期待。然而每个闽南人又都有自己的独特吃法：有人喜欢在汤底里加入芋头，因为芋头质地扎实，适合垫底；也可以用油条代替汤勺，趁热大口收尾。阿凉店里的招牌是手冲鸡蛋花生汤。这里的"手冲"指的是将鸡蛋液直接冲入滚烫的热汤中。蛋液被高温冲散，为原本就甜润浓香的花生汤又增添了一抹轻盈。朱凉凉通常会给食客再多加 1 勺花生——每一位食客都是老相识。

花生汤总在上午卖完，阿凉这时才会打开自己的午餐，边吃边等丈夫的到来。

陆 | 豆芽　吃完春饼，春天就不远了

中国 · 黑龙江 · 黑河 · 逊克 · 下道干村 📍

从暑热蒸腾的岭南，到天寒地冻的北国，豆类都可以适应。

"彼得洛夫！"一位黑龙江逊克护边员喊着自己的同事。冰封的江面，是他们的工作地点。两人一起坐上回家的车。每隔四天，他们才能回一次家。

"在冰面上呢，一会儿就到家了……"彼得洛夫对着电话里说。彼得洛夫，是董金福的俄罗斯族名字。

在黑龙江省黑河市逊克县下道干村，冬季的时间超过半年。

董金福的老伴高凤云此时正在张罗饭菜。在极寒的东北，人们对储存冬季食物有着非凡的天赋。

货郎车发出叫卖声："卖菜了，卖菜了！辣妹子（羊角椒），粉皮，圆葱……"货郎车 10 天来一次村庄，新鲜蔬菜的补给十分有限。

董金福坐到桌前，顺手摆了酒杯："累了，弄一缸（杯）。"

妻子高凤云说："今年的冻菜没剩多少了。"

"大冬天的，哪里有那么多菜。你喝你的粥，我喝我的小酒。"董金福道。

"你少喝点儿。"妻子嘱咐道。

冬藏即将耗尽，天还没有回暖的迹象。

晒干的豆类，耐久藏，

是中国人家中常备的杂粮。

青黄不接的时节，它能派上大用场。

只需一点儿热水和一夜的等待，绿豆的身形就开始膨胀，它体内的酶也会被激活。沉睡的豆子，即将苏醒。

"老高在家没有？"邻居捧着鲜花来到董金福家，边走边喊。

"老远就听你喊了。"高凤云道。

"我明天要上县城过冬，你看，好几家买的花都在这放着呢。正好，一只羊也是赶，两只羊也是放，你就帮忙一起照看着。"为了生活方便，村民大都选择去县城过冬，于是老董和老高就多了个帮着邻居照看家院的任务。

又是董金福去江上值班的日子。高凤云也闲不住，她的字典里没有"寂寞"这两个字。她一边做手工，一边唱起了歌："牡丹啊牡丹……"有趣的灵魂注定不会寂寞——家里的电视机、热水瓶、门把手、铁锅盖、小板凳，高凤云都给它们穿上了针织外套，真是"万物皆可套"。

被唤醒的绿豆逐渐舒展筋骨。严寒使万物放慢脚步，但生活不会。人们选择在这片土地上扎根，也在时光里学会如何与寒冷共处。豆瓣里储存的能量，输送给嫩茎。伴随日夜不停的生长，维生素的浓度攀升，并生成具有鲜味的谷氨酸。豆子，变身为蔬菜。

连续几个晴天，大地露出了原本的色彩。高凤云要花点儿心思，迎接这个迟来的春天。面皮被她擀得又薄又匀，每一层用油隔开，一分两半，焦香软弹。这就是高凤云的小心思——春饼。春饼的配菜务必丰富，搭配炒鹅蛋和肥腴的酱香蒸肉，正好衬出春饼的香。

豆芽长势旺盛，尤其在这个春寒料峭的时候，一切都充满了生机。

因为水分含量高，豆芽必须快炒。高凤云起锅入油，熟练地炒制起来。豆芽炒至将将断生，淋 1 勺醋，即可出锅。

董金福拿起一张春饼，夹上几筷子炒豆芽。高凤云忙嘱咐："再夹点儿肉。"

"我看哪个香，我就夹哪个。"显然董金福"自有主张"。

豆芽根根生脆，精神抖擞，在一众荤腥中脱颖而出。人们享受它在口腔中清脆的切割感和四溢的豆香。见董金福嚼得起劲儿，高凤云忙问："我的烹饪技术是不是很高的？"

"老王卖瓜，自卖自夸！"北方男人更喜欢含蓄的表达。吃过春饼，春天就不远了。

春饼卷豆芽

柒 | 腐乳　霉腐带来剑走偏锋的鲜

中国 · 四川 · 什邡 · 红白场社区 📍

　　同样是冬季，四川盆地的湿润空气，为另一种谷物——大豆提供了转化的条件。豆类作物中，原产自中国的大豆最富个性。但如果直接食用，不仅口感不佳，大豆中所含的抗营养物质还会影响人体对食物的消化和吸收。还好，中国人发明了豆腐。

不到7点，张云芳的豆腐坊已经热气蒸腾。点卤后的第一碗豆花，是夫妻俩的早餐。丈夫秦长生说："你别说，饿到这会儿，吃啥都好吃。"不一会儿，街坊姐妹来上工了。她们平日里是牌桌上的对家，换上工装，又是豆腐坊协力操作的好帮手。张云芳常和大家说，要会挣钱也要会耍，要懂得享受生活。如果只是赚钱而不去享受生活，那还赚钱做什么。

在张云芳的豆腐坊，豆腐还只是起点。

　　豆腐坊里的水汽接近饱和，加上适宜的温度，使豆腐成了微生物的舞台。方寸大的豆腐上，不同菌种和谐共生，从豆腐中吸取营养。菌丝分泌大量的酶，分解蛋白质和脂肪的同时，产生了鲜味物质。

　　霜打过的白菜到了最清甜的时候，张云芳的霉豆腐也变得菌丝繁茂，但这还

不是最终产物。在霉豆腐上喷洒白酒,能延缓微生物滋长。再在霉豆腐表面滚上盐、辣椒和花椒碎。白菜腌制两天,褪去水分,变得柔韧不易破损。此时,用白菜叶包裹住豆腐,定型的同时还能阻隔空气。包裹好后静置,等待风味的渗透和发酵的深入。

中国人把豆腐分享给了全世界,但腐乳的美妙奥义,也许只有华人才真正懂得欣赏。制作腐乳的玄机,至少在明代就已经被中国人熟练掌握。出产大豆和盐的地方,大多有腐乳制品。各异的风土和不同的味觉偏好,造就出腐乳千姿百态的外观和味道。腐乳既可以直接佐餐,也可以做调味担当,甚至它还是了解一方风味的切入口。

红油腐乳

白菜腐乳制作不同阶段的呈现

火腿腐乳

腐乳与芝麻酱的组合，为游牧民族的剽悍找到了农耕生活的温润注脚。

在岭南地区，腐乳已经不单纯是食物，而是一种味型的代名词。南乳色泽红艳，酒香奔放，用来给羊腩肉调味最合适不过。动物与植物的脂香交织在一起，悱恻缠绵。

南乳

腐乳芝麻酱

南乳支竹羊腩煲

在四川省成都市崇州市怀远镇，川西一带格外迷恋这种微生物带来的鲜味。距张元芳的豆腐坊 100 多公里外的崇州，那里的人们会把豆腐压得更薄。他们手下的豆腐被压得像一卷布帘子，这样菌丝可以织成厚厚的"毛毯"让微生物自由生长。

霉、腐带来的鲜，剑走偏锋，迥异于肉类和蔬菜的味道。即便做成红汤，麻和辣也无法掩盖它超然于众的风味。油炸豆腐帘子，外酥内韧。用浓稠酱料包围，豆腐帘子的味道变得或五香或甜辣，成为耐嚼的零嘴。

在粤式面点里，南乳也是代表性的风味。咸煎饼、鸡仔饼、白菜腐乳，一粒大豆历经脱胎换骨，浸透百转千回的滋味。

豆腐帘子

麻辣香脆帘子

咸煎饼

鸡仔饼

白菜腐乳

随着腐乳制作完毕，

张云芳和老伴计划开始一段旅程。

在遥远的墨西哥，豆子成熟之后，南瓜也熟了。

在云南，沈朝芝接到了一个大订单。

在东北，董金福一家的春播也要开始了。

豆，这个看似平凡的植物，
却像一个慢热却忠诚的朋友，
已经陪伴了我们几千年。
它不仅塑造生态，提供蛋白质，
还是美味的魔法师。
种豆南山下，此物最相思。

05

薯芋
新天地

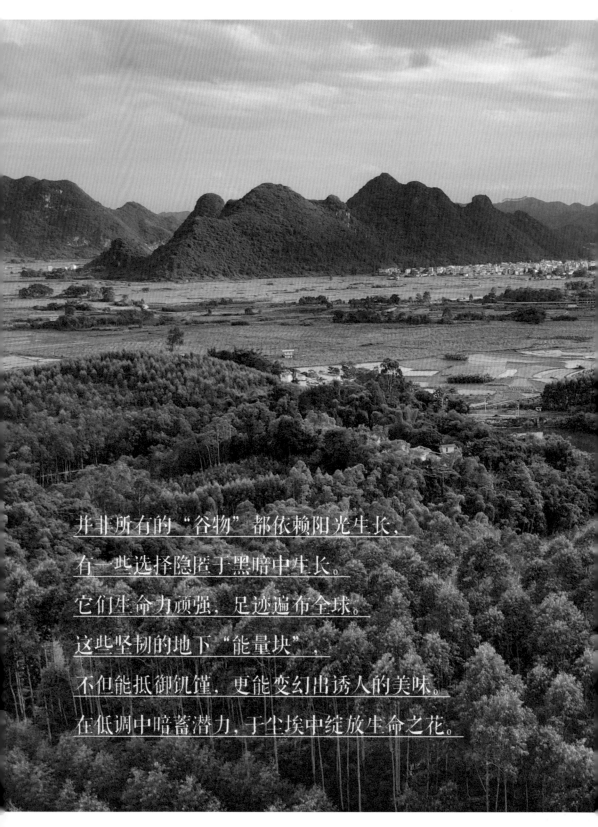

并非所有的"谷物"都依赖阳光生长，
有一些选择隐匿于黑暗中生长。
它们生命力顽强，足迹遍布全球。
这些坚韧的地下"能量块"，
不但能抵御饥馑，更能变幻出诱人的美味。
在低调中暗蓄潜力，于尘埃中绽放生命之花。

在广西南宁两江地区，韦阿姨和她的家人
与一种特别的作物——凉薯，有着深厚的联系。
夏日炎炎，韦阿姨照例在田间劳作，刚结出的
豆荚，需要手工剪掉。因为这种豆科植物，地
表以上的部分具有毒性。

一个月后，韦阿姨的孙女放暑假了，这时
才算迎来了真正的收获。

顺藤向下，地里埋藏的才是韦阿姨挖掘的
目标。地下的块茎，像巨大的蒜头。韦阿姨找
到了一块非常大的块茎，她举起来问孙女："这
个是不是比你的脸还大？"

韦阿姨拽着根，"陀螺"在女孩的拍打下
转动起来。"看，这就像玩陀螺一样。"韦阿姨
说。藤蔓纤细，一头结豆，一头结薯，这是豆
薯名字的由来，而当地人更喜欢叫它凉薯。

进入中伏，迎来了一年里最炎热的时间，
一条小溪成了全村孩子的乐园。

"这里还没刷白，要转过来两面一起刷。"
韦阿姨在指导孙女刷薯芋，又忍不住问："累
不累？辛苦不辛苦？"

孙女摇摇头，说："我已经洗好了一个！"

壹｜凉薯　夏日的美味馈赠

中国·广西·南宁·两江镇 📍

"你差不多要刷完一把了！"韦阿姨夸着小孙女很能干。韦阿姨要抓紧时间，赶在收购车到来之前，把凉薯清洗干净。

韦阿姨老伴的工作是"拯救"方圆 50 公里内的故障电器。因为要外出干活，清洗凉薯的重任全交给了韦阿姨一个人。

洗净泥土后，凉薯变得模样可人。凉薯外皮纤维紧密，轻轻地拽住一头，就能成片撕下，因此得名"剥皮薯"。新鲜的凉薯，其口感介于荸荠和雪莲果之间，带有一种雨后青草的味道，甘甜可口。每天卖掉 300 斤凉薯，是韦阿姨夏季的主要收入来源。

在夏天，凉薯是百搭的食材。酸藠头、酸辣椒、酸姜、酸柠檬——这些广西烹饪的灵魂作料，都可与之搭配。绿头鸭肥瘦得当，肉质紧实耐煮，酸味料能消解鸭肉的肥腻，此时，洁白素净的凉薯便是鸭肉的最佳配角。即便久煮，也依然能保持脆爽的口感，它还是吸纳味道的行家。

还有一种吃法，是将凉薯切成细丝，与蔬菜一起裹入网油的怀抱。此时裹糊油炸，炸至外皮焦酥油润即可。咬一口，馅芯还依旧清爽鲜脆，完美地实现了荤素平衡。

凉薯垫柠檬鸭

网油腰卷

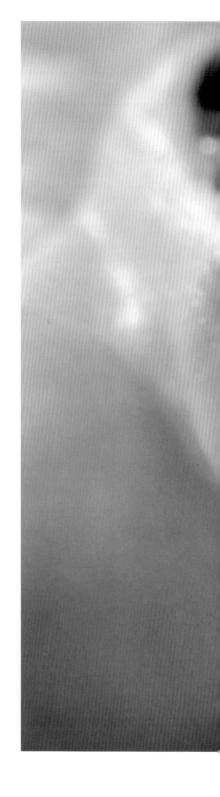

刚摘下的凉薯水分充足，既是蔬菜又当水果。用糖和白醋腌制，只需 20 分钟就有汁液渗出，这些汁液是韦阿姨给孩子们特制的夏日饮品。广西人热衷于用醋腌制各种脆口的蔬果，并称之为"酸嘢"。给老伴儿做的凉薯酸嘢，韦阿姨额外加入了自制的酸辣酱，激越的味道更衬托出凉薯的清新的口感。韦阿姨端来酸嘢,对老伴儿说："这是我辛苦种出来的凉薯做成的酸嘢，你想加糖、加醋或加辣椒吃都可以。你吃吃看，肯定甜！再夹一块。"看老伴儿吃得津津有味，韦阿姨说："好吃我明年再多种点儿？"

"好！"老伴应道。

薯类作物不仅可以作为蔬菜食用，更多时候它还是重要的粮食作物。在人类的食谱上，它与谷物具有同等重要的地位。"凉薯好吃！"小孙女高兴地说，这是夏天最美好的馈赠。

向西 200 多公里外的百色，凉薯与清甜的杧果一同上市。在溽热的 8 月，这座老城节奏缓慢，人们在一碟米粉中享受一天的开场。

卷筒粉的馅料，需要提前烹饪准备。刚刚收获的凉薯，便成了其中的"头牌"。将凉薯切成丁，焯水至断生后，再用滚油翻炒几下。凉薯绵软中保留脆口，特别清爽。叉烧、香肠、豆角丁，馅料的选择可谓是丰俭由人。现做的米皮，摊上肉馅，顺势卷成筒状，便成了卷筒粉。再添 1 勺黄皮果酱，酸甜醒目。

卷筒粉

贰｜安第斯根茎

安第斯山脉居民身份的象征

秘鲁·库斯科·钦切罗 📍

　　纵贯南美大陆的安第斯山脉，大部分海拔超过 3000 米，泥土下生长着 4000 多种薯类作物。这些作物不仅是当地居民的食物来源，更是他们身份和文化的象征。

　　在秘鲁库斯科钦切罗，入秋后的气温已跌破冰点，放了一夜的马铃薯冻得很结实。克丘亚人用这种天然的方法制作冻干马铃薯。草垛是天然的保暖箱，适合存放新鲜的块茎。曼努埃尔和母亲把冻干马铃薯磨成粉，用它来制作做汤底。

　　马铃薯浓汤是克丘亚人家最常见的早餐。这道汤咸香浓稠，为人们提供了足够的能量。如今俗称土豆的马铃薯已成为全球 13 亿人的主食。

这些奇形怪状的块茎——当然它们也是土豆——在印加文化中被视为神的馈赠。

当地人世代相传的种植技术，使他们后来不断种出新的品种，这也避免了病原菌对单一品种的侵害，从而有效避免了这一原因所导致的减产和绝收。今天，秘鲁是世界上拥有土豆种类最多的国度，为世界改进土豆的品种提供了宝贵的基因资源库。

主修农业科学的曼努埃尔，继承并种植着家族传承的 300 多个土豆品种，还致力于培育出更美味的品种。

黑狮马铃薯

在安第斯山脉出产的根茎，远不止土豆一种，这里还有许多鲜为人知的薯类作物。

酢浆薯，两头圆润，有蜡质的表皮。其块茎，表面有暗纹，形似水滴。尽管它并不像土豆那样风靡世界，但它为当地人提供了丰富的营养和独特的风味。

如今，各种奇异的食材汇聚秘鲁首都利马，为厨师的"表演"提供了丰富的创作素材。皮娅是第一个获得世界最佳女厨师荣誉的秘鲁人，她很擅长用这些食材创作出美味。今天她收到的包裹，来自曼努埃尔的农场。酢浆薯生脆清甜，口感很像胡萝卜。旱金莲块茎，有近似芥菜根的辛辣。

皮娅说："当我还是小女孩时，妈妈就经常给我做这些根茎吃。我很喜欢它们明亮的色彩。它们的味道也很好。所以，我成为厨师后就想：为什么不能赋予它们和土豆同样的价值呢？它们都是来源于土地的啊！"

皮娅的过人之处，正是她对食材的理解和呈现。而根茎则是她经常用于创作的食材。

在常温下，用黄油和蜂蜜腌制，使野性的根茎变得无比顺从，也极大限度地保留了它们自然的色泽。喷枪轻轻一燎，过火处便散发出淡淡的焦糖味，再配上新鲜的根茎切片，便成了皮娅的招牌菜——安第斯根茎挞。取之于地下，压得住场面，在皮娅的手中它们成为餐桌上的佳肴。

安第斯根茎挞

在根茎丰收的季节，曼努埃尔和妈妈每个周三都要去乌鲁班巴河谷的市场。曼努埃尔说："我的父母一起种植根茎作物，我妈妈负责售卖。"

大约 6000 年前，安第斯山脉的先民就开始种植根茎作物。

印加帝国在山谷腹地修建梯田、试验杂交、培育新种，这些农业传统一直延续至今。曼努埃尔在继承祖先种植方法的基础上，又尝试创新。他研究用根茎酿酒，把新收的酢浆薯，放在太阳下曝晒。"日照时间越长，果味和甜味越明显，就像蜂蜜一样很不可思议。我研究了祖先留下的信息，并复制这种酿酒的技术。"曼努埃尔说。

煮熟的酢浆薯质地松软，滋味甘甜。榨汁后发酵，培养芳香和复杂的风味。做好的酢浆薯酒，父亲会用来祈求丰收。每当收获季结束之际，安第斯山脉的原住民就要进行一种特殊的烹饪仪式。土块垒成中空的金字塔结构，内部用柴火加热，烧到干燥滚烫。他们将根茎与碎土块交替堆叠，食材和热量一同被掩埋。这是只有在庆祝仪式上才会启用的烹饪方式。

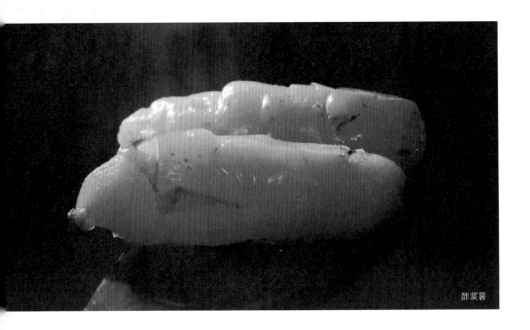

酢浆薯

当地人惯用紫花辣椒，其辣度与中国的朝天椒相当，再加入有罗勒香气和酸橙味的印加孔雀草。放入秘鲁青酱——这款酱酸辣提味，适合搭配各种根茎食材。

曼努埃尔表示："根茎作物是我们家庭历史和文化的一部分。对于我们这些居住在安第斯山脉的人来说，它也是我们身份的象征。"

在世界上一些文明的诞生地，恰巧没有禾本科谷物，于是根茎就成了人们赖以生存的基础，薯类也因此跻身"谷物"的行列。 大地铺展开巨大的桌布，辛劳与奖赏都在这张无边无际的餐桌上绽放。

曼努埃尔

叁 | 芋头　南北流派的不谋而合

中国 · 广东 · 揭阳 · 东寮村 📍

在中国广东潮汕地区，有一种根茎食材的消费量巨大，它也是潮菜里不可或缺的食材——芋头。

东寮村坐落于群山环抱之中，地处岭南水城揭阳。这里环境潮湿，是芋头生长的风水宝地。9 月底，到了芋头露脸的时候。 每年这个季节，当地的职业厨师许剑炼都会带着自家田里出产的芋头，参加一场盛会。许剑炼割去芋头的叶柄，使个头硕大的球茎露出，他会挑选最好的装车。

糕烧双色

芋茸虾球

潮汕人，都是芋头的狂热粉丝。截面上密布紫色小点，这是槟榔芋的标志。蜜渍是潮菜的经典做法。在高浓度糖浆中熬煮，芋头自身的水分逐渐被置换出来，质地变得如膏脂一般。此外，潮汕人还将芋泥与猪油、澄面和在一起，包裹住虾球，炸制芋蓉虾球。高温下，猪油瞬间分离淀粉，使淀粉呈现飞丝的蓬松结构，放大芋头的香。

薄壳芋头煲

薄壳季的尾声恰好和芋头上市重合。潮汕人将薄壳与芋头一起煲制，薄壳疏松的结构展现出强大的托底和吸味的能力，使得芋头能够饱含鲜美的汤汁。

关于芋头的更精彩的演绎，南北流派不谋而合。潮汕槟榔芋疏爽干松，浙江奉化芋细致绵密。一边潮汕人以极大的耐心，用猪油、砂糖将芋头翻炒到黏柔光亮，制成潮汕芋泥金瓜；另一边宁波人以猪油渣、高汤加持，将芋头煨制成细腻顺滑的宁波猪油渣芋芳羹。同为淀粉与猪油的相逢，两者一甜一咸，各自有各自化不开的浓香。

潮汕芋泥金瓜

宁波猪油渣芋艿羹

采收后看似无用的茎秆，潮汕人不会丢弃。他们将其带回家里，切下幼嫩的部分，即成芋横。日晒脱水，使内部气腔收缩，制成便于储存的菜干。

一家人围坐，团圆的家宴从芋泥馅的"朥饼"（类似月饼）开场。这是潮汕中秋必不可少的点心。皮酥馅细，极尽油润，需要一口茶汤来化解其油腻。

今天，许剑炼要为全家老小下厨。他取出晾好的芋横干，重新入水。芋头那曾经输送水分的导管，现在成为吸收肉汤的海绵网络。

晒芋横

　　薯类家族中，槟榔芋含水量少，质地酥松。用热油为切好的芋头块勾勒金边。熬煮白糖，待气泡由大变小，此时水分蒸发得恰到好处，加入葱花和芋头，均匀裹上糖浆。待糖浆裹匀后，即刻关火，停止加温，但翻炒却不能停。糖浆冷却，结晶的过程中，其质地被外力不断破坏，最终形成轻盈如霜的粉状，这个过程当地人叫"反沙"。糖霜的质地和芋头的粉感相得益彰，它们堪称天作之合。全家一起围坐打边炉，反沙芋第一个登场。

　　祭拜月娘是潮汕人中秋夜最重要的活动。母芋上生出的小芋仔，潮汕人叫芋卵。将满满的一盆芋卵敬奉给当空皓月，托付上美好的愿望。

肆 | 番薯鱼面　传统渔村的味道

中国·浙江·台州·玉环市 📍

　　中国人食用芋头的历史，可以追溯到 2000 多年前。16 世纪末，另一种适应性强、耐储藏的根茎，从南美辗转而来，中国人叫它"番薯"。

　　在浙江台州，番薯是家庭主厨们创造美味的灵感来源。主妇们把番薯蒸熟、碾成泥，用它包裹盘菜豆干，也会将熟的番薯泥搓成小球，裹上芝麻油炸，这些都能彰显番薯浓香的甘甜。如果将番薯泥晒干磨碎，混合红糖、糯米粉，点缀果干也是一道美味的小零食。

　　庆糕是当地秋冬物产集合的产物，趁热最好吃。制作庆糕时，提取番薯丰富的淀粉，进行沉淀、分离、干制，制成白色的粉块，可以长期保存。在浙江台州玉环市，也有类似的做法。番薯在各地有众多别称，对于中国人来说，它曾经抚慰过饥馑的岁月。在浙东海边，人们更喜欢将番薯刨丝晒成干，之后与大米一同煮成稀饭。番薯稀饭至今仍是浙东地区最受欢迎的家常主食之一。

山粉圆

番薯小圆

番薯庆糕

番薯淀粉

在台州玉环市的一个小渔村，有一位叫游奕娥的阿姨。她做鱼面的手艺，颇受邻里的青睐。

这天，邻居拎了一只大网兜来找游奕娥："挖了点儿番薯给你。"

游奕娥打开网兜一瞧，惊讶地问："给我这么多做什么？"

"都是自己种的！拿着就好。"邻居说着就把番薯塞给了她。

"哇！这个番薯这么大！"老伴儿叮嘱游奕娥，"快拿两包鱼面给他。"

"不要拿！鱼面我要买上10斤，你做的鱼面真好吃。"邻居说。

很不巧，这天鱼面卖完了。游奕娥宽慰道："过两天敲给你。"

夕阳西下，接鲜船也从外海带回渔获，临海而居的人们总是占得先机。

这里曾经是浙东最繁忙的渔港之一。人们有各种方法来保存大海的出产。最常见的是晾晒法，用鲜鱼制作鱼鲞（即晒鱼干）。游阿姨选择做成鱼面，这就需要番薯的助力。早年，游阿姨的丈夫靠随船出海维修机械养活全家。如今他退休了，家里就靠游阿姨做鱼面来补贴家用。

　　游阿姨做鱼面喜欢选用鲩鱼，因为它肉质白皙厚实，口感更好。游阿姨刮下厚厚的鱼肉，便轮到番薯淀粉登场了。薯类淀粉普遍比禾谷淀粉的颗粒更大，易于吸收水分。一团鱼肉，一把番薯淀粉，游阿姨只用木杖，就能开启一场打击乐表演。通过捶打，淀粉分子嵌入鱼肉纤维，让鱼肉糜的黏稠度更高，获得巨大的延展性。采取交错杖击的方式，可以确保鱼肉寸寸受力，如果没有长期积累的经验，恐怕很难把握杖击的精准度。20 分钟后，游阿姨敲出一张薄而不破、柔韧洁白的鱼饼。10 斤鱼，需要配上两斤番薯粉，游阿姨一天最多能敲 25 张鱼饼。

　　烘烤可以进一步蒸发水分，这样便于长期储存。敲好的大鱼饼切成条，就是鱼面。将食材换成虾肉，做法依然成立，不变的是其中使用的番薯淀粉。鲩鱼饱满的肉身，在游阿姨手中逐渐"扁平化"，成了一张面皮。鱼面煮熟后，白里透红，爽滑柔韧。加一点儿酱汁，就能激发出鲜甜。海鲜与碳水，在鱼面上一时莫辨。

　　煮汤面，只用少许蔬菜。番薯藏而不露，却满含鱼肉的鲜美。薯类让人们获取淀粉时，有了更多选择。 原本不适合耕种的土地，因此变得丰饶富足。

　　"敲鱼面啊！这鱼面很不错呀！"邻居终于得偿所愿，拿到了游奕娥做的鱼面。

　　"都是最新鲜的，都是刚敲出来的。"游奕娥将鱼面送到了邻居手上。

鱼饼

凉拌敲虾面

敲鱼面

渔船再次进港，
整个村庄又回荡起敲击声，周而复始。

伍 | 脚板薯

围屋生活已落幕，但味道仍在延续

中国 · 江西 · 赣州 · 中圳村 ◉

在中国南方的内陆地区，人们对薯类有更多的依赖。

美术老师阿薇刚刚做了妈妈。淮山药鸡汤是家中最近常备的月子餐。阿薇的母亲方红梅几个月前搬来照顾女儿的起居。淮山药鸡汤就是她的拿手菜之一。

阿薇的宝宝有一位曾外祖母，她家在10公里外的一个村庄。阿薇的老公开着车，带着一家三口一起去看老外婆。赣南地区，丘陵环绕着小盆地，一年四季气候温热。高大坚固的围屋是方红梅出生的地方。从宋代开始，大批中原先民南迁，他们聚族而居，后来被称为"客家人"。80岁的老外婆时常到围屋打扫，30年前，族人就陆续搬离了这里。方家也在祖屋旁给老外婆建了新房。围屋与新房中间，是自家的菜园。此时菜园里藤蔓茂密，有一种地下根茎已经成熟。

　　这是一种叫"薯蓣"的山药，它在东亚地区被广泛食用。世界各地的薯蓣品种在形状、颜色上千差万别。

　　方家老外婆种的这种薯蓣外观像脚掌，当地俗称"脚板薯"。"宝宝，我们数下有几个脚趾？"方红梅拿着脚板薯逗问小外孙。对付这只"大脚"，方红梅必须戴上手套，因为脚板薯皮下渗出的黏液是皂角素和植物碱，会引起皮肤过敏。这是薯蓣作物共同的防御机制。特制的擂钵有放射状纹路，便于研磨。丰富的花青素呈现艳丽的紫红色。脚板薯释放出更多蛋白和甘露聚糖，让薯泥变得格外黏稠。刚磨好的薯泥含水量高，加入适量的糯米粉，增加其稠度，使之不会溏散。舀适量薯泥团在手中，虎口一收，挤出球，下油锅炸成薯包。在吊好的鲜美鱼汤中放入薯包，别有风味。

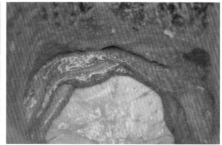

今天，方家长幼四代人第一次欢聚一堂，全家为之忙碌。将薯泥摊薄，入油锅中炸制。注意控制好火候，使热油慢慢渗入，煎至两面微黄焦脆。在冬季，它有特定的搭配对象。方红梅则遵循老外婆的习惯，在祖屋酿制米酒。酿的酒立冬正好到了启坛的时候。

"崽崽，脚板薯一个脚指头比你的小脚都大！"爸爸拿着两只脚板薯，模仿着人走路的样子，一步一步来到崽崽面前。

米酒加热后的味道更加柔和。用酒酿、红糖和姜末调味，更是增添了一抹温暖的香甜。最后加入脚板薯制成的薯饼。吃薯酒，被认为能帮助产后妇女抵御寒气，曾经母亲也是这样做给方红梅吃的。如今，它是全家人都喜爱的暖身甜汤。也许是不断迁徙让客家人对每一次落脚都格外珍视，围屋的生活虽已落幕，但薯酒的味道还将延续。

"吃薯酒，吃薯酒，吃了能活九十九！"留种的薯蓣过冬，悬挂在灶头上，等待开春再播种。

陆|木薯　寻常生活里涌动的滋味

中国 · 海南 · 海口 · 红明农场 📍

李清徽出生于印尼，60多年前回到海南岛，但直到现在，他仍然保留着一些南洋的生活习惯。

农场种植一种热带根茎作物——木薯，老李对它情有独钟。灌木底部是贮藏营养的粗壮根。大约4000年前，在南美亚马孙流域已有人食用。在热带地区，它的普及程度甚至超过了小麦。

李清徽

木薯

木薯粉

虾片

泰式炒饭配虾片

　　原本，木薯是具有毒性的，经过几代改良后，有些品种的木薯已经可以直接食用。提取的木薯淀粉，在东南亚饮食中有广泛的运用。如将虾肉糜与木薯淀粉和成面团，蒸熟后晾凉，切片，再彻底阴干，油炸后制成虾片。热锅入油，待热油欢唱，内部残存的水分在高温下极速汽化，木薯淀粉被带动着一起膨胀。做好后就是东南亚的经典小吃——虾片。搭配香料浓郁的菜肴，每咬一口都是清亮饱满的酥脆。

李叔的木薯甜点是农场聚餐时雷打不动的保留项目。将班兰叶打成汁，加入木薯淀粉制成浆，有种清新的香气。用筛网筛入热水中定型。绿色的小粉条爽滑细腻，是夏日冰饮的最佳拍档。制作另一种糕点，程序就要复杂得多。

将木薯淀粉和鲜榨椰汁、班兰叶汁、可可粉混合，蒸熟一层，再添加一层粉浆，反复9次。耗时两个多小时才能完成，但李叔乐在其中。相比其他淀粉，木薯淀粉的优势是能贡献绝佳的弹性质地。

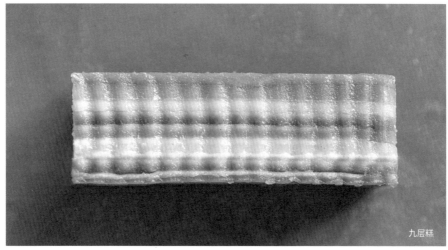

九层糕

九层糕

每个月，农场都有自发的聚会。

李叔的手艺总是最受大家欢迎。邻居们大多同龄，也有相似的经历。李叔回忆道："我爸 14 岁就去南洋了，我的出生地就在万隆。1960 年我们坐船回国的时候，在太平洋上漂了七天七夜。我们这些归侨，都是从一个地方回来的，大家在一起已经有几十年了，所以农场这个地方人情味比较浓。小时候，我经常爱吃一种印尼叫 bika ambon 的糕点，我吃的时候，就跑到马路对面去买。"李叔怀念的童年味道，后来成为粤菜中流行的甜点——黄金糕。

做黄金糕，木薯依然不可或缺。姜黄榨的汁，给洁白的淀粉和浓椰浆增添明亮的黄和淡淡的辛香。倒入搅打的蛋糊，等待发酵。木薯经东南亚传入，起初只是为了度荒，后来种植增多，品种也得到了改良，归侨在其中起到了很重要的作用。

　　急性子的李叔，对做糕却颇有耐心。为了儿时的味道，借回印尼探亲的机会，多次拜师学习了黄金糕的做法。随着内部的水分向上蒸发，木薯淀粉塑造出自下而上的条状气孔。横切开来，如蜂巢一般。黄金糕成品筋道耐嚼，柔韧富有弹性，还伴着浓浓的椰香。糕点的香甜，承载着侨居的记忆，已伴随他们走过大半个世纪。这些在寻常生活的缝隙中涌动着的滋味，复杂而绵长。

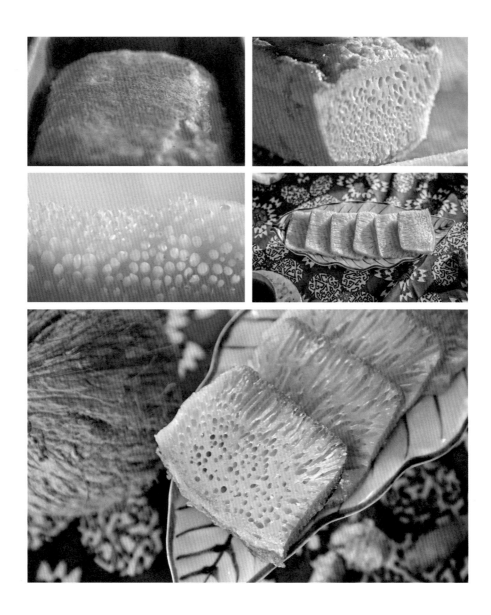

安第斯山脉，根茎品种还在不断扩大。

广东揭阳，人们对反沙芋热情不减。

在赣南的春天里，种下新的薯种。

用沉默的辛勤，

带来可靠的温暖。

不断在新天地里安身立命，

这是地下的谷物，

也是那些生生不息的人们。

06

百谷
皆风味

谷物庞大的族群里，

除禾谷、豆类、薯芋之外，

还有许多远亲、外戚"旁逸斜出"。

它们以种子或果实的身份，

协力维系家族的兴盛，

也绘制出人类食谱的多样性。

让我们捡拾起这些遗落的珠玉，

重新探索谷物的星球。

壹|菱角　在鱼米之乡，与稻米比肩

中国 · 浙江 · 嘉兴 · 杨溪村 📍

嘉兴水网密布，湖荡相连。费彩兴一家枕水而居，靠水吃水。

在白露时令，暑气还没消散，一种水生植物的果实就乘兴而来。元宝般的体态，雪白粉嫩——这就是菱角米。只需一把香葱，水乡的滋味就彰显出来了。脆生生，妙不可言。

　　老张做水产生意，每年这时候，都会开车来找帮手。费彩兴和同村姐妹陆续加入，赶着夕阳，去千亩荡。她们装束齐整，乘小船到湖心再更换另一种水上工具——椭圆形腰盆，这种腰盆刚好能承受一人的重量。在挤挤挨挨的菱叶中摸索前行，阿姨们"轻舟熟路"。

坐在腰盆中前行

费彩兴的丈夫——张海生

小葱炒菱

菱角

菱角全球都有分布，过去谷物歉收的年景，人们用它充当主食。而今只有东方人种植它。

嘉兴人赶在果皮硬甲长成之前，把菱角抢先采下。这时，菱角的果糖还没转化为淀粉，最清甜细腻。一周只收一茬，不破坏生长的节奏。菱角一旦上岸，果肉的水分就开始流失，表皮氧化，风味稍纵即逝。阿姨们收工后，轮到老张工作。他要在1个小时内，把菱角送往嘉兴各处菜场。

菱角的家族十分庞杂，按尖角的数目，分为两角、三角、四角等。而南湖水系生长着这种没有角的"菱角"。形态圆润的南湖菱，尚未完全成熟，果壳更容易打开。处理后的菱角米是江南菜系的节令食材，和同为"水八仙"的莲藕、芡实搭档，滋味淡雅，素净洁白。历代文人喜欢引以自况。

与蟹黄、蟹膏邂逅后，浓墨重彩下，菱角更像一幅清丽俊逸的水墨画，楚楚可人。

跟多数地区只在端午享用粽子不同，江南的粽，香飘四季，加入菱角是初秋的提示。拨开糯米猪肉的重围，褪去生脆的果菱，似有若无，如同梦境。

荷塘月色

秃黄油南湖菱

菱肉粽

在鱼米之乡，菱角的地位，曾与稻米比肩。传统农家的灶间里，这个组合依然延续。肥腴的五花肉，烘托着菱角和稻米的香甜。

小孙女一进门，就撒娇似的问："奶奶你饭烧好了吗？"

费彩兴："马上就好了。"

费彩兴家原本也种菱，儿女成家有了第三代，她就把更多时间用来照顾孩子。吃饭的时候，费彩兴说："我种菱角种了 23 年了！"女婿听了忙说："是啊，我们嘉兴人都吃过妈种的菱角。"

咸肉菱饭

新石器时代开始，长江中下游先民，
就把菱与水稻当作互补的碳水化合物来源。
在这个意义上，谷物世界的丰富，
远超我们的认知。

贰 | 栗子　治愈而美好的滋味

中国 · 河北 · 唐山 · 迁西县　◉

从江南水乡到北国森林，饱含淀粉的神奇籽实总在吸引人们的脚步。

李玉芹："小曼你还在玩啊？不要成天玩手机，起来干点儿活计。"

近段时间雨水多，李玉芹催促一家人，抓紧最后的采收机会。由潮白河谷往山海关，地质结构复杂多样。燕山一带是落叶果树的重要分布区。早熟的栗树已经收完，李玉芹承包的百来棵老树，果子才刚刚绽开。用竹竿敲击树枝，长满尖刺的栗蓬就掉落下来。取决于授粉的机缘巧合，栗蓬中的栗子没有定数。没长成的栗子，当地人叫"栗哑子"。

小曼："这哑子还有用？"李玉芹："有用。"

收集起来的栗哑子，可以给小孙女做个沙包。圆中带扁的"板栗"，原产于中国北方。2000 多年前，就扮演着替代谷物的角色。

板栗烧鸡

栗蓉包

比起处理橡子的复杂工序，栗子让人更容易亲近。忙完一天，李玉芹要用最新鲜的栗子犒劳全家。热水快焯，罗衣轻解后，栗子肉质地珠圆玉润，味道甜糯甘香。这是长城脚下的人们最骄傲的物产。

将鸡肉先用猛火急攻，加栗子肉，再细细煨炖。栗子肉碾成栗蓉后，有细沙般的口感，香甜不腻。慢炖让风味物质反复置换。富含淀粉的板栗，吸足鸡肉的油润，一时间荤素莫辨。

果腹的功能已经远去，但治愈而美好的滋味让它风靡至今。

中国 上海 📍

在上海，糖炒栗子的焦香弥散城市街头。这是中国自北宋就有的市井风情。厨师戴广坦来自法国，每到秋天，他都会被这种风味深深吸引。

戴广坦走到卖栗子的商铺前问道："好香啊，来自哪里的栗子呢？"

店员："河北迁西。"

戴广坦："迁西的啊，谢谢。"

法餐中，板栗的运用也很常见。经典的洋葱汤，以南瓜或土豆搭配，都不如秋天的板栗来得浓郁甘甜。

另一道颇受欢迎的法式甜点：白兰地糖浆浸透的栗子，放置于奶油"冰川"内。栗子泥装饰出陡峭的崖壁，糖粉化身白雪，人们以阿尔卑斯主峰命名它——蒙布朗。

戴广坦的工作是菜品研发。如何获得更张扬的栗香？受糖炒栗子的启发，他想到了聚集风味的栗壳。先烘烤，再煮水，提取出松木、豆类和水果的香气。加上醇厚的香草籽，冷热交替，反复烹饪。栗肉脱胎换骨，呈现琥珀般的光泽。原本要咀嚼才能滋生的香气，直接在空气中绽放。

来中国十几年，栗子总伴着广坦的秋冬。戴广坦做了栗子烤鸡，用视频的方式和朋友们分享圣诞的快乐："圣诞节快乐，我是广坦。我们下次见，拜拜。"

戴广坦

蒙布朗

栗子烤鸡

叁|橡子　吸纳世间的千滋百味

中国·陕西·安康·柿树砭村 📍

巴山密林里，同属壳斗科的橡树，也有相似的经历。隐居山林的人们依然会在深秋季节，采拾橡子。

卜先全和妻子王兴发

橡子和栗子一样，都有坚硬的果皮保护种子。不同的是，新鲜橡子味道苦涩。须长时间浸泡，才能除去单宁，改善口感。

王兴岁和老伴儿推起了磨，她对老伴儿说："把这推完啊！"

"那你得灌好，你灌得好我就磨得好！"

橡子被开发出多种吃法。它的淀粉中有约 60% 支链淀粉，粉浆加热后，逐渐黏稠。将其盛入碗中，等待时间的魔法。

放凉凝固，变成深棕色果冻状，丝滑中潜伏弹牙的口感。

橡子凉粉

淋上滚烫的辣椒油，橡子凉粉被赋予泼辣张扬的风味。

将凝固的粉浆切薄片晒干，能延长储存时间，当地人叫"橡子皮"。用它涮火锅，禁煮，耐嚼，可以吸纳千般滋味。与腊肉爆炒，两种迥然相异的"牙感"，形成微妙的互动。

橡子皮

橡子皮炒腊肉

肆 | 荞麦　甘苦相伴，独一无二的珍贵

中国 · 云南 · 普洱 · 甘河村　📍

横断山脉被江水切割成蜿蜒的峡谷，山间的环流风与极致温差，让漫山遍野的荞麦，在一夜之间开花。

荞分甜苦——未成熟的甜荞白里泛红，苦荞碧绿油亮。

12 月初，李扎拉家的荞麦要收获了。

有一些植物并不在禾本科之列，但种子依然被当作谷类食用，它们被称为类谷物。荞麦就是其中一员。

各自成家后，李家兄弟仍然居住在一起。3 家共同打理 4 亩荞麦地。

拉祜族的这种传统家庭生活方式，更适合田间协同劳作。

荞麦两个多月的生长期和对山地环境的适应能力，让这里的人们对它青睐有加。

　　棱锥形的甜荞，俗称"三角麦"。苦荞圆润，腹沟较深，有特殊的清苦与回甘。李扎拉尝了一口发酵的苦荞，说："这苦荞发酵得真不错！"

　　拉祜族人用苦荞酿酒，这种作物的种植范围，更多集中在东亚、南亚的高海拔地区。

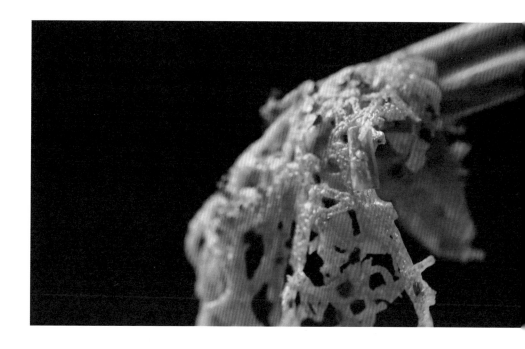

　　相比之下，甜荞更易于形成稳定的凝胶结构，因此能制作更丰富多样的食物。

　　昭通大关县位于云贵川交界地区。这里的人们把甜荞先做成面糊，面浆随指尖舞动，流水行云间，织就经纬错落的面网。与香料、辣椒和蒜水搭配在一起，做成的小吃叫"花粑粑"。无论是单独享用，还是包裹牛肉、鸭肉，都有千滋百味。

　　冬天是属于荞麦的时节。在云南省普洱市甘河村，丰收过后，相邻的3个厨房升起炊烟。苦荞的苦味来自芦丁，芦丁是一种普遍存在于柑橘类果皮中的物质。将苦荞粉做成口感扎实的粑粑，李扎拉夫妇用芭蕉叶包裹，在火塘上烤制；二嫂则更喜欢直接油炸。

　　味道艰涩的苦荞也许知音甚少，而甜荞，以它的亲和力一路走得更远。

日本 本州岛 山形县 📍

在日本本州岛山形县，54 岁的柴田章，曾是业余腕力比赛的冠军。如今他经营着一家荞麦面馆。

本州岛内陆气候凉爽，昼夜温差悬殊。从中国传入的荞麦在这里找到了适宜生长的土壤。有记载的种植历史可以追溯到 8 世纪。

另一场斗腕角力即将开始。这次对手是荞麦。柴田知道一旦发令，就不能有片刻懈怠。

柴田："做荞麦面就是一场与时间的赛跑。"荞麦缺少小麦特有的"面筋"，几乎没有弹性和韧劲。因此大部分荞麦面，需要加入小麦粉，帮助黏合。但是柴田的面团，只有荞麦粉。他所制作的面条，被日本人称为"十割荞麦面"。过人的臂力发挥了作用，但技巧也不可或缺。凭借20多年的身法和经验，柴田明白，现在是最关键的时刻。

柴田："（做好的面）刚好一盒。"

不出意料，柴田又一次赢得这场较量。柴田煮面，需要清洗。荞麦面易折断，但在柴田的手下已经变得筋骨矫健。十割荞麦面的粗粝质感，口腔中摩挲而出的谷香，只有好之者才懂得欣赏。

中国朝鲜族的荞麦冷面与由中国传入日本改良后的十割荞麦面

十割荞麦面

中国 吉林 延边 📍

处在东北亚通道的延边，这里的朝鲜族人，酷爱另一种荞麦制作的面条。

赵凤善的后厨，在夏天进入最忙碌的时候。她将荞麦面和其他谷物淀粉充分搅拌，压成柔软的面棒。顶部加压，让面均匀地从孔隙中挤出，入滚水迅速定型。只需一捏，赵凤善就能判断面条的火候。洗面是核心技艺，动作需要轻柔、果断。活水流动，冲洗面条。降温使面条紧致的同时，还可以洗去多余的淀粉。

冷面韧劲十足，要借助利刀切断。丰盛的菜码为冷面加冕。烫嘴的锅包肉是冷面的黄金拍档。延吉冷面的精髓，在于一勺带冰碴儿的牛肉汤底。吃延吉冷面的基础门槛，是牙齿对面条的征服。当然，也可以保持优雅，用剪刀"开道"。

赵凤善："吃冷面配锅包肉，过凉爽一夏。"

回到云南省普洱市甘河县。

大家庭的三个厨房，食物最终汇聚一处。粑粑的苦，裹着蜂蜜的甜，一如辛劳的耕作和丰厚的收获，甘苦相伴。像祖先一样，他们用新酒和芦笙庆祝丰收。与这边的主流作物相比，荞麦的产量几乎可以忽略不计。但与之相伴的生活，却是独一无二的珍贵。

苦荞粑粑。

伍|向日葵　　自给自足的诗意生活

中国 · 内蒙古 · 巴彦淖尔 · 云家圪旦村

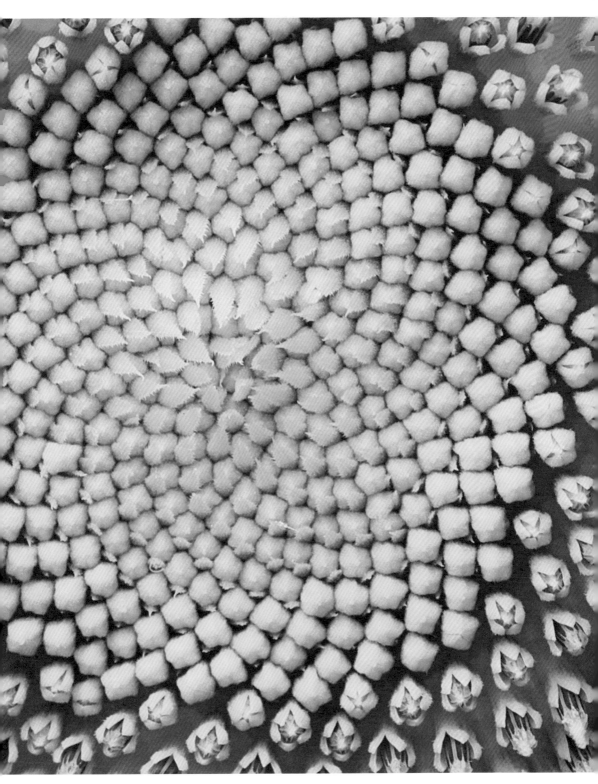

村落还未苏醒，一家家庭油坊就已经开工。

除了从谷物中摄取淀粉，人们还能获得宝贵的油脂。通体黝黑，种粒较小，是葵花籽中可以榨油的品种的特点。焙炒，使水分蒸发。油脂与蛋白的紧密结合被破坏，风味呼之欲出。

趁热研磨，再用高温蒸透，脂质逐渐游离。施加足够的压力，榨出浓稠的金黄色液体。

葵花籽仁中的油脂，占比高达五成。油体澄澈透亮，充盈谷物与坚果的气息。

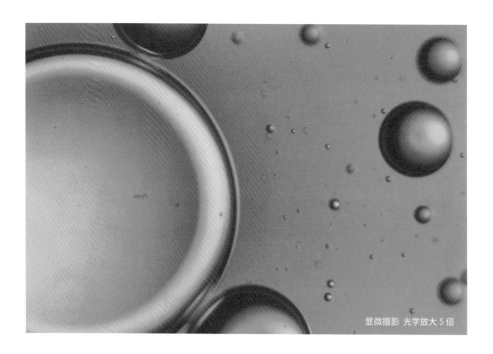

显微摄影 光学放大 5 倍

河套平原，地处北纬40度黄金种植带。土地肥沃，灌溉便利，是农作物理想的扎根之地。

清亮的油脂，在植物的花期就开始酝酿。

向日葵，因为花逐光生长而得名。5000多年前，最早由印第安人在美洲种植。

云小成和陈丽生活在河套地区。他们把最大的地块，留给了向日葵。家里种粮、养羊，日子还算不错。

历经4个多月，大地褪去盛装，变得雄浑深沉。每一簇花蕊的脱落，都换来一颗饱满的果实。果皮镶嵌白边，这是食用葵花籽。花盘已经晒干、变脆，轻轻敲击，就能震出籽粒，现在是最欣慰的丰收时刻。

收完葵花籽，秋天过去了一半。

在鲜羊奶中加入一点糜子酸粥的汤汁，播撒自然发酵所需的微生物。

葵花油清澈内敛，有暗香浮动，适合烘云托月。河套地区盛产优质小麦，雪花粉邂逅葵花油，本地物产的相会，即将促成一道节令美味。馅料中有花生碎、红白糖和芝麻粒等，当然葵花籽是最重要的。

最早，北美印第安人将葵花籽视为谷物的补充。今天，中国人也把它作为零嘴和糕点的搭配。馥郁的脂香在时空两端遥相呼应。

农家自制的月饼，没有一定之规，但总会装进丰厚物产和最美好的愿望。几味香料、一抹粗盐，煮到入味，烘干，就是五香葵花籽。

　　酸羊奶也做成了，撒几粒葵花籽仁，柔顺的乳酸中跳动着轻盈的焦香。黄河边的中秋夜，一家人围坐，屋内飘着葵花仁的香，窗外洒满圆月清辉。自给自足的生活，没有惊天动地，但充满希望。

陆｜欢喜团　串联起欢喜和团圆

中国 · 山东 · 滨州 · 无棣县 📍

　　还有一种类谷物，差不多与向日葵同时来到中国，却一直没得到普及。想见它的真容，需要等到年节时分。

　　乡间集市，人们采办年货。范宝申人称范叔，他的摊位，有些独树一帜。范叔叫卖道："李之口的特色欢喜团，又好吃又好玩儿。大家来买欢喜团。"为赶上年前最热闹的集，范叔和老伴三天前就开始准备。夏种冬收的胡萝卜，糖分最多，一锅 50 斤，用来熬糖稀。

范宝申和妻子王玉霞在做欢喜团

欢喜团

千穗谷这种苋科作物的籽粒，是世界上最小的谷物之一。因为种皮艳丽，一度被当作观赏植物。每一千粒种子，重量还不到 1 克。成熟后易掉落，不便收集，所以一直没能成为主要的粮食。

这正是范叔要加工的材料。脱壳后炒制，是个技术活。 火候不到，不爆花；稍一迟疑，又容易焦煳。老伴掌舵火力，范叔只用一把小炊帚，就能调教这些顽皮的籽粒。加热时，千穗谷体内的水分汽化，大力冲破外皮。绽开瞬间，糊化的淀粉遇冷后成固胶状。米花像云朵般蓬松轻盈。

每年冬闲，弟弟一家都会来给范叔帮忙。糖稀倒进米花，不停搅拌，每一朵都裹上甜蜜。椿木雕刻的模具，合起来是一个球型。抄起米花，调准角度，旋转之间，抟成圆润饱满的米花球。高粱秸秆染上艳丽的色彩，串联起欢喜和团圆。

范叔："欢喜团，欢喜团，又好吃来又好玩儿。欢喜团，欢喜团，小孩儿来买欢喜团。"

千穗谷自美洲传入中国，一直没有得到广泛种植。范叔留了三分地给它，只为每年做一次欢喜团。植物的传播往往机缘莫测——另一种苋科作物，却有更加跌宕的传奇。

柒|藜麦　谷物化为无形，风味如影相随

玻利维亚 · 奥鲁罗 · 希里拉村 📍

安第斯山脉南部高地，植被稀少，有一种谷物却从这里发源。

印第安艾马拉族人聚居在这里。卢佩婶婶是村庄里受人尊敬的女士。

图奴帕火山脚下，静卧着地球上最大的盐湖。

一种绚烂多彩的谷物，植根于火山与盐滩创造的特殊土壤。谷穗上颗粒苗壮饱满，藜麦，已经成熟。

　　艾马拉人认为女性有更敏锐的感知能力。卢佩在收获前，感谢大地的馈赠。藜麦是浅根系作物，茎秆高达 1 米，轻轻一带，即可离土。

　　这是收获的季节，向北 500 多公里，玛西亚把另一种苋科植物的籽粒，带回自己在拉巴斯的餐厅。

　　游学北欧的经历，让她对玻利维亚的传统食材有了新的认识。奶油衬底，藜麦等苋科籽粒汇聚一盘，再用高山湖泊的藻类点缀——这就是"苋粒花园"，其中的藜麦有糙米的口感和余味。

超级谷物筒

苋粒花园

　　拉巴斯，全球海拔最高的首都，一座能触及云彩的城市。街头售卖的早餐有当地人偏爱的藜麦苹果汁。在温热清甜中，能依稀感受谷物的细小颗粒。受街头小吃的启发，玛西亚将白藜麦粉碎，借鉴东方豆制品的加工技法，做成豆腐状。

　　谷物化为无形，但风味如影相随。

藜麦豆腐

500 多年前，当欧洲人来到这里后，藜麦逐渐让位于小麦等其他谷物，但艾马拉人一直没有放弃藜麦。

卢佩和女儿把南瓜、蚕豆和洋葱炒香。反复淘洗，去除藜麦表面的水溶性皂苷，加入羊驼肉汤，用红陶锅熬煮。男孩们负责烧烤。根茎作物也同样不能缺席。煮到半透明，藜麦粒粒蓬松。种类缤纷的谷物，是卢佩一家日常餐饭的主角。在他们心中，藜麦是粮食之母。

半个世纪前，藜麦再次迎来命运的转机。高含量的植物蛋白和膳食纤维，让它变身的健康饮食的宠儿，甚至成为世界性的食材。

雨季过去，湖水干涸，盐沼仿佛没有尽头。

卢佩："很久以前神的乳汁和泪水混合在一起，最终变成了这里的盐沼地。"

几乎在中国人栽培水稻的同时，南美原住民开始种植藜麦，也正因为他们的不离不弃，这种谷物才得以延续至今。

天地不含万物，

谷物和人一起成长，共同繁衍。

平常的种子，

历经万年岁月，

养育了全人类，

创造出非凡的奇迹，

和人世间的万千风味。

有谷物相伴的日子，就不会太糟

陈磊

2022 年 11 月 18 日，《风味人间 4·谷物星球》在电影院第一次面对观众放映，此时距离 2019 年 9 月正式建组已经过去了 3 年多。如果算上"拍谷物"这个想法的出现，以及国际合作模式的探索和尝试，这个时间跨度也许会超过 4 年。人生能有多少个 4 年呢？似乎应该写点什么，来纪念这些让人五味杂陈的日子。

播出前的两个月，节目进入最后的熬夜写稿阶段，这是风味团队的老传统。分集导演轮流"过堂"，《风味人间》总导演陈晓卿老师、制片人邓洁、宣介主管何是非（也是《风味人间 3》的制片人）和我，分别用不同颜色的字迹在一个共享文档上一起改解说词。有时，稿子被我们改成五颜六色的"大花脸"。当然也有大家都卡在那儿，什

么也写不出的时候。晓卿老师最后会用红色的笔迹统稿。这和 4 年前《风味人间 1》改稿时的场景几乎一样，只是这次增加了晓卿老师"95 后"的助手小贺。

做"谷物"这个主题，是拍摄《风味人间 1》时就有的想法。当时邓洁在《落地生根》中拍摄了一个跨越多地的小麦的故事和一个稻米碱水粽的故事。那时，我们前往伊朗拍摄，本来是希望能找到一种当地小麦的古老品种、也是今天人类食用小麦的鼻祖——野生二粒小麦，但是由于当时的拍摄条件所限，最终没能找到，留下了遗憾。但同时，这也在我心里埋下了一颗小麦的种子，我很有兴趣继续讲述小麦的故事。

《风味人间 1》拍摄工作结束后，晓卿老师让我们选择之后要做的题目，我们很快就达成了共识——做谷物。《风味人间 4·谷物星球》的第一集，自然要从麦开始讲起。开篇的第一个故事，让 4 年前的遗憾得以弥补，在以色列海法大学 Assaf Distel Feld（阿萨夫·迪斯特尔·费尔德）教授的帮助下，拍摄团队拍摄到了野生二粒小麦。虽然并不是亲身前往，而是由以色列当地的纪录片团队替我们拍摄了镜头，但是这也让我终于得偿所愿。以色列这片土地，在过去的大半个世纪一直战火不断，也让人感慨小麦不但伴随农业诞生至今，也看尽 10000 多年来人类上演的爱恨情仇。谷物的故事由此开始，绵绵不绝。

　　《风味人间4·谷物星球》一开始就定下了6个分集的题目：麦、稻、黍粟、豆类、薯类、百谷。分集导演有来自拍摄《风味人间1》时曾并肩作战过的导演张一哲；也有在茫茫简历中由制片人挑选出来的新导演；调研员有《风味人间2》培养出来的成熟选手；也有语言和调研能力俱佳的新生力量。2019年末，大家从全国各地齐聚北京，看书、培训、调研、写大纲……一切按照风味系列一贯的步调稳步推进。但是一场突如其来的疫情打破了所有的计划，之后的3年里分集大纲、拍摄内容、调研计划……都随之做了无数次调整和修改。甚至有几次国外的拍摄都是在临行的前一天，突然接到当地疫情爆发的消息，而不得不取消。在磕磕绊绊中，整个剧组坚持下来，在现有条件下努力实现计划中想呈现的内容。

　　这次制作《谷物星球》还吸纳了很多优秀的团队，共同参与完成。全球疫情之下，我们无法亲身去到海外拍摄，涉及国外的拍摄内容均由世界各地的拍摄团队与我们通力合作、远程遥控完成的；"美丽科学"的微观团队除了继续贡献奇幻的微观拍摄之外，还与CG团队合力完成了"种子肖像"的新视觉构想，让我们能以不一样的视角凝视谷物的种子；植物拍摄团队绿毛龟工作室在崇明岛和云南两地，连续3年种植谷物，呈现它们作为植物神奇的另一面。虽然疫情之下我们见面的机会很少，但最终这些拍摄成果汇聚在了同一部作品里。我相信这3年，很多行业都是这样。在超乎想象的艰难中，远程合作完成了工作。我们已经非常幸运了！

还有让我难忘的是，在这次拍摄过程中，我克服了高原反应，去了三次西藏。

2015 年拍摄纪录电影《舌尖上的新年》时，去西藏拍摄藏历新年的计划在当时未能实现。这次拍摄《谷物星球》，这个愿望得以达成，同样也弥补了先前的遗憾。2021 年 2 月在日喀则的江孜县，我们拍摄了米珍一家如何过藏历新年，仍然是当年的摄影团队，合作了 7 年，大家还在一起。藏历新年，主人公一家要用高原的谷物制作青稞酒和糌粑。在屋顶举行的仪式里，青稞制作的酒液和粉末汇聚到一起，敬献给天地，为来年祈福。最后全摄制组在欢乐的糌粑雨中和全村人"打成一片"，那是藏历新年里最快乐的时刻，也是由谷物带来的温暖和满足。送走旧年的场景还历历在目，我觉得新的一年应该会好起来的。马上又要过年了，现在我仍然坚信这一点！

写下这些的时候，《风味人间 4·谷物星球》的后期工作还没有全部结束。此时北京的冬天已经深了，街上没什么车，人更少。晓卿老师带我们去超市买了点儿菜，过几天我们应该又能吃到好吃的了。他常常会在公司的茶水间里忙活，用简陋的厨具鼓捣出一些非常好吃的家常菜，搭配米饭、面条、玉米粥，一张小茶几就是餐桌，人挨人，围着坐，一群人杯酒言欢，好不快活。每当这个时候，什么体重数字、健身教义，统统被抛诸脑后。做谷物，怎能不吃谷物！我想谷物带来的香甜和满足，是现在最能抓住的快乐，就让我们都快乐一点儿吧！

2022 年 11 月 24 日于北京 陈磊

主创人员名单

第四季

谷物星球

出品人	孙忠怀
总制片人	韩志杰
总策划	马延琨
商业总策划	王 伟
总编审	黄 杰
监制	朱乐贤
商业总监	孔育昭
市场总监	罗雪萍
制片人	邓 洁　徐少佩
总顾问	沈宏非　陈立　蔡澜
首席科学顾问	云无心
解 说	李立宏
作 曲	阿鲲
总摄影	赵礼威
声音设计	凌青
总导演	陈磊　陈晓卿

美食顾问【按首字母排序】

边疆　蔡昊　蔡世红　陈汉宗　陈万庆　陈颖
大董　董克平　冯恩援　扶霞　傅骏
敢于胡乱　高文麒　侯德成　华永根　贾国龙
老波头　李觉群　梁棣　林珂　林少蓬
林卫辉　卢健生　罗朗　洛扬　吕杰明　马语
眉毛　彭树挺　石光华　苏雯　汪志杰　王刚
王洪武　魏水华　翁拥军　吴向列　夏燕平
小宽　闫涛　颜靖　张军彧　张新民　张雪威
张勇　周晓燕　周义　周元昌

学术顾问　　韩茂莉　俞为洁　崔凯

科学顾问

顾有容　萨鱼　周卓诚　默识　庄娜　玉子

植物学顾问　Assaf Distelfeld
　　　　　　　（阿萨夫·迪斯特尔费尔德）

导演组

陈磊　张文娟　张一哲　王佳茵　邓洁
陈源源　钱敏杰　许芝翔

摄影

赵礼威　张晋文　王言　王垚　黄琪　谭益
王永明　林千厦　张东　邹庚涛　郑鑫
钱茨城　蔡佳佑　苏俊夫

调研导助

邓喆　刘青　花佳慧　唐逸翮　蔡文琪

跟焦

臧东亮　赵明宇　徐迅　陈鹏远　王孟岑
贾艳阳　张磊　王战涛　刘玉平　明明
马仕勇　冀磊　乔泽

灯光　　曹志军

剪辑

陈磊　张文娟　张一哲　王佳茵　邓洁

陈源源　刘振宇　邓喆

录音

安在宥　宋昶浩　刘仝　丁昊　张翅鹏

崔建军　吕文武　曾明星　臧伟超　王浩然

现场制片　　　陈丽娜

项目制片　　　陈安迪

植物摄影

李茜　吴元奇　施永祺　唐欣荣

显微摄影

朱文婷　潘丽华　王优　刘正　孟思静

孙大平

野生动物摄影　　张明　刘勇

剧照摄影

赵涛　刘速　赵崇为　陈尤麒　钱御蛟

海外协拍

以色列及巴勒斯坦

协拍机构　　　Highlight Films

　　　　　　　（以色列高光电影制作公司）

监制　　Noam Shalev（诺姆·沙莱夫）

制片人　　Jonathan Zacharie

　　　　　　（乔纳森·扎沙里耶）

摄影

Yan Finkelberg（扬·芬克尔伯格）

Hanna Abu Saada（汉娜·阿布·萨阿达）

摄影助理

Jonathan Teich（乔纳森·泰奇）

Fares Abu Gosh（费尔斯·阿布·戈沙）

录音　　Ravid Dvir（拉维达·德菲拉）

　　　　Issa Kumsiyeh（伊萨·库姆西耶）

航拍　　Riki Rotter（里基·罗特）

调研　　Sarit Bino（沙立·比诺）

　　　　Fatima AbdulKarim

　　　　（法蒂玛·阿卜杜勒－卡里姆）

向导　　Fadi Abou Akleh

　　　　（法迪·阿布·阿克莱）

英国

协拍机构　　One Tribe TV

　　　　　　（英国壹部落电视制作公司）

监制　　Dale Templar（戴尔·坦普勒）

　　　　Owen Gay（欧文·盖伊）

制片人　　Matt Waddleton

　　　　（马特·沃德尔顿）

制片经理　　Justine Rebello

　　　　（贾斯廷·雷贝洛）

制片助理　　Emily Mazzeo

　　　　（埃米莉·马泽奥）

摄影　　Garry Torrance（加里·托兰斯）

掌机　　Stuart Dunn（斯图尔特·邓恩）

　　　　Andrew Roger（安德鲁·罗杰）

摄影助理　　Jack O'Leary

　　　　（杰克·欧'利里）

调研　　Jack Carey（杰克·凯里）

美国

调研制片　　　郑明远

导演摄影　　Rachel Lauren Mueller

　　　　（蕾切尔·劳伦·米勒）

录音　　Shaquielle Shoulders

　　　　（沙奎尔·舒尔德斯）

墨西哥

执行导演　　Monica Wise

　　　　（莫妮卡·怀斯）

摄影　　　Guillermo Ramírez
　　　　　（吉列尔莫·拉米雷斯）
Chrysthian Cortés（克莱斯蒂安·科尔特斯）

摄影助理　　Dennys Parada
　　　　　（丹尼斯·帕拉达）

录音　　　Maria Jose Magallanes
　　　　　（玛丽亚·何塞·马加亚内斯）
　　　　　Yeyo Cervantes（叶约·塞万提斯）
　　　　　Glenda Charles（格伦达·查尔斯）

调研制片　　Montse Corona
　　　　　（蒙塞·科罗娜）　肖科

制片助理　　Tamara Yazbek
　　　　　（塔玛拉·亚兹贝克）

玛雅语翻译　　Antonio Carrillo Diaz
　　　　　（安东尼奥·卡里洛·迪亚兹）

秘鲁

执行导演　　Monica Wise

调研　　　Lali Madueño Medina
　　　　　（拉利·马杜埃诺·梅迪纳）

摄影
Guillermo Ramírez　Chrysthian Cortés

摄影助理　　Dennys Parada

录音　　　Glenda Charles

日本

调研制片　　安妍霓

摄影　　　山崎 圭介

摄影助理　　冈田 光平

录音　　　渡边 智洋

玻利维亚

执行导演　　Monica Wise

摄影
Guillermo Ramírez　Chrysthian Cortés

录音　　　Glenda Charles

摄影助理　　Julio Hernandez
　　　　　（胡利奥·埃尔南德斯）

调研　　　Yve Paz Soldán
　　　　　（伊夫·帕斯·索尔丹）

制片主任　　李慷　王紫懿

财务主管　　霍岩

宣介主管　　何是非

播出主管　　丁木

总导演助理　　贺芷涵

技术统筹　　李浩

责任编辑　　王怡然

商务执行　　高轶成　王瑞

宣传推广

吴迪　何斯乐　易博文　杜亚峰　黄爱冬
陈雨诺　周博雅　牛若冰

运营统筹　　周茉

运营编审　　左玲军

运营策划　　陈雅　刘嘉楠

商业统筹　　火日京　陈靖

商业制片人　　陈潇　周芮同　王怡文

IP 授权视觉统筹　　赵云飞　杨坪　陈星宇

IP 授权商业拓展

裴为　石雅星　王周玉瑶　孟祥云　茅晓芳

市场统筹　　马洁

市场推广　　杨周霖　谢欣

版权发行　　王爽　肖婉晴　严思琦

技术总监　　赵文静

技术制作　　刘伟　王叶

法务支持　　曾磊　陈中

财务支持　　吴勇　陈潮

税务支持　　孙涌涛　陈莹

维权支持

刁云芸　李丹　刘静　余利勇　包慕霞　张坤鹏
袁燕翔　任国振

声音总监　　凌青

声音主管 刘颖 黄钧业	**数据管理及母板制作**
音效监制 陈硕	马昊龙 王一鸣 鹿燕林 李清清 罗汉
配器师 Geoff Lawson（杰夫·劳森）	耿泽宇 张旭阳 张祖豪 于圣启
Jeffrey McKenzie（杰弗里·麦肯齐）	**杜比视界 / 菁彩 HDR 版本制作**
音乐编曲 阿鲲 李雨泽	腾讯云彩工作室
Emanuele Frusi（埃马努埃莱·弗鲁西）	**调色师** 王晨亮
演奏 国际首席爱乐乐团	**DI 流程管理** 于皓瀚
混音师 Ryan Sanchez（瑞安·桑切斯）	**前期设备提供** 中视晨阳
音效设计 / 编辑	**视频合成** 陶燕暖
张思毓 赵宇 史晗相 杨晓光 乔思雨	**包装设计** 仁山知水
声音制片 / 统筹 / 宣传 金靖 吴维 肖彤	**商务包装** 周涛 黄格 周后生 卜天星
CG 视效设计 凌涛	**海报设计** 竹也文化
CG 视效指导 杨凯 安显赫	**新媒体海报** 双子映画
CG 视效统筹 林君 李清瑶	**片头片花**
CG 视效制作 李炳锐 聂景刚 余云	陈磊 刘振宇 高焓 易博文 杜亚峰
调色师 胡旭阳	太空堡垒
调色制片 王诺雅	**花絮剪辑**
助理调色师 陈麒竹	邓喆 刘青 花佳慧 朱易 陈欣怡 李嘉婧
调色助理 周子源	**市场营销** 春风得意